新时代
技术
新未来

动手学

AI 绘画

Midjourney
从入门到实践

谭肖肖　邹镇洪 —— 著

清華大学出版社
北京

内 容 简 介

本书将带领读者进入人工智能绘画的世界,从 AI 绘画的起源和发展背景开始,一步步深入探讨这一令人兴奋且充满挑战的领域。本书覆盖 Midjourney 的必备操作技巧,并结合大量实战案例,旨在帮助读者建立对 AI 绘图的基本认知——从学习工具到实际应用,以全面了解 AI 作图。

本书分为 10 个章节,主要内容包括:AI 绘画的发展背景、使用 Midjourney 的准备工作、Midjourney 基础操作、AI 生图的提示词编写、图生文操作、图生图操作、人物换脸操作、Midjourney 与 AI 语言模型的协作、Midjourney 和其他图像工具的结合、Midjourney 在品牌 IP 创作的应用、Midjourney 在概念设计提案的应用、Midjourney 在生成图片素材的应用、AI 绘图的挑战和发展趋势等。

本书适合对 AI 绘图感兴趣的初学者、电商从业者、品牌创作者、设计师和其他创意领域的专业人士阅读。本书还可供教育机构用作教材,以培养创意领域的人才。

图书在版编目(CIP)数据

动手学 AI 绘画:Midjourney 从入门到实践 / 谭肖肖,
邹镇洪著. -- 北京:清华大学出版社,2024. 8.
(新时代·技术新未来). -- ISBN 978-7-302-67162-6

Ⅰ. TP391.413

中国国家版本馆 CIP 数据核字第 2024TS9124 号

责任编辑:刘 洋
封面设计:徐 超
版式设计:张 姿
责任校对:宋玉莲
责任印制:杨 艳

出版发行:清华大学出版社
　　　　　网　　　址:https://www.tup.com.cn,https://www.wqxuetang.com
　　　　　地　　　址:北京清华大学学研大厦 A 座　　　　　邮　　编:100084
　　　　　社 总 机:010-83470000　　　　　邮　　购:010-62786544
　　　　　投稿与读者服务:010-62776969,c-service@tup.tsinghua.edu.cn
　　　　　质 量 反 馈:010-62772015,zhiliang@tup.tsinghua.edu.cn
印 装 者:大厂回族自治县彩虹印刷有限公司
经　　销:全国新华书店
开　　本:187mm×235mm　　　　印　张:18　　　　字　　数:346 千字
版　　次:2024 年 10 月第 1 版　　　　印　次:2024 年 10 月第 1 次印刷
定　　价:88.00 元

产品编号:103894-01

PREFACE / 前言

欢迎来到一个充满创意和想象的新世界——AI 绘画与 Midjourney 的魅力之旅！

在这本独特的图书中，我们将带你领略 AI 绘画的无限可能，以及 Midjourney 这款神奇工具的魅力。在这个信息时代，人工智能已经渗透到各个领域，而在艺术领域，AI 的介入更是为创作者们打开了一扇全新的大门。不论是否有艺术背景，都可以通过 AI 绘画轻松地创作出令人惊叹的艺术作品。

在这本书中，我们将深入探讨 AI 绘画的原理、技巧和最佳实践。从基本的入门指南，到高级创作技巧，再到 Midjourney 的落地实践案例，你将一步步了解这个令人兴奋的新领域。不管你是艺术爱好者，还是 AI 技术迷，或是想要寻找创作灵感的设计师，这本书都会为你提供有力的帮助。它将带你领略 AI 绘画的美妙世界，让你感受到科技与艺术的完美结合。那么，还等什么呢？让我们一起踏上这段充满创意和想象力的 AI 绘画之旅吧！

本书的特色

· 从零开始：从 Midjourney 的账号注册开始讲解，添加了大量技术和艺术背景，入门门槛很低。

· 由浅入深：涵盖了基础操作和高级用例，帮助读者一步步扎实学习。

· 内容新颖：本书的绝大部分内容都是结合技术进展和产品特性进行讲解。

· 注重实践：结合大量实践实例进行说明，大部分生图案例都有讲解分析。

本书内容

本书共有 10 个章节，包括以下主题。

第 1 章：认识 AI 作图

本章主要介绍 AI 作图的发展背景、实用工具、变现方式以及落地实践。随着人工智能技术的不断发展和应用，AI 作图已经成为一个热门领域。本章将从不同角度出发，全方位介绍 AI 作图，让读者形成初步的了解和认识，为后续的学习和实践打下基础。

第 2 章：开启 Midjourney 之旅

本章主要介绍 Midjourney 的入门知识，包括 Discord 的注册下载、Midjourney 的订阅使用方式、个人界面操作、常用绘图机器人模型的特点和适用场景。通过本章的学习，读者可以初步了解 Midjourney 的使用方式。

第 3 章：Midjourney 基础操作

本章主要介绍 Midjourney 的基础操作——文生图功能，几乎所有其他操作都与此类似或相关。读者通过学习如何撰写有效的提示词，理解运用提示词后缀参数，掌握高级提示词与拓展图像方法，可以更好地指导 AI 生成图片，提高生图的质量和效率。

第 4 章：Midjourney 进阶操作

本章继续深入探讨 Midjourney 的进阶操作，包括图生文模式、精准垫图、混合模式生图和人像换脸等技巧。通过详细演示这些操作的流程并结合案例展示效果，读者能够更加灵活地创作更具创意和自由度的作品。

第 5 章：Midjourney 与其他工具组合应用

本章主要介绍如何通过结合 Midjourney 与其他工具来提升 AI 绘画效果，包括与语言对话工具的跨界合作，借助图片编辑工具优化画质，以及利用 AI 生成视频等。此外还分别结合案例展示效果，总结了适用的工作场景。

第 6 章：Midjourney 面向品牌 IP 创作的应用实践

本章主要介绍 Midjourney 在品牌 IP 相关创作中的作用，包括 Logo 图像、IP 形象、故事绘本等方面的创作。在强大的语义理解和图文创作能力加持下，读者将体会到 AI 如何将品牌的理念和价值具象化为画面上的设计，为品牌创造新的价值。

第 7 章：Midjourney 面向电商领域的应用实践

本章主要介绍如何运用 Midjourney 为电商场景制作出精美的图片。通过学习电商运营海报制作、搭建电商直播间、虚拟电商产品摄影等实际案例，读者将能够深入了解 Midjourney 在电商销售中的实际应用。

第 8 章：Midjourney 面向概念设计提案的应用

本章主要介绍 Midjourney 在各类设计领域中的应用，包括服装、环境、产品、包装和游戏设计等。通过 Midjourney，设计师可以快速生成大量概念设计提案，缩短实现创意的时间，提高工作效率。

第 9 章：Midjourney 面向素材生成的应用实践

本章主要介绍如何使用 Midjourney 生成各种素材。读者可以解锁不同风格背景素材创作，品味 DIY 贴纸的乐趣，生成逼真的现实场景，尝试人物或商品摄影特写，并学习生成多种风格的图标图案。这些素材都可以整合到完整项目中，为设计增色添彩。

第 10 章：AI 绘图在实践中的挑战与期待

本章主要介绍 AI 绘图技术的局限性与发展趋势，并提出了个人从业者应如何应对 AI 绘图的影响。了解当前 AI 绘图工具的局限性，并知道其未来可能的发展方向是重要的；同时对于个人职业发展来说，积极拥抱新技术并找到自己的优势和特长十分关键。

阅读本书前的准备

本书在第 2 章对使用 Midjourney 工具进行了详细的指导说明，因此读者仅需准备必要的硬件学习资源：电脑、网络通畅。由于 Midjourney 生图权限是订阅制，因此在阅读到使用 Midjourney 生图的相关篇章时，如需亲自操作实践，读者可自行订阅 Midjourney 计划，确保拥有 AI 绘画的 GPU 时长（使用权限）。

CONTENTS 目录

01

第 1 章
认识 AI 作图

04
第4章
Midjourney 进阶
操作

第 5 章

Midjourney 与其他工具组合应用

第 6 章

Midjourney 面向品牌 IP 创作的应用实践

第 7 章
Midjourney 面向电
商领域的应用实践

第 8 章
Midjourney 面向概
念设计提案的应用

第9章

Midjourney 面向素
材生成的应用实践

第 10 章

AI 绘图在实践中的
挑战与期待

CHAPTER ONE

第 1 章

认识 AI 作图

...

绘画，作为人类独创的艺术形式，其起源最早可追溯到远古时代。人类的绘画经历了漫长的发展和变迁，但从未改变的是，它体现了人类特殊的创造性和思想，这也是人类和其他生物，以及机器之间的一个关键性的区别。然而人工智能（Artificial Intelligence，AI）的出现似乎将要打破这一固有认知——计算机首次实现独立完成画作，并在效率、复杂性、创意等方面都接近甚至突破人类水准，这让我们感到惊喜甚至恐惧。AI作图的时代要来了吗？人类画家要被AI淘汰了吗？为了便于读者对上述问题构建自己的基本认知，本章将从发展背景、实用工具、商业化方式、落地实践等方面进行介绍，力争简要且全面地展现AI作图的全貌。

1.1 揭秘AI作图

1.1.1 AI作图爆发的前夕

毫无疑问，当前AI作图技术的突破是革命性的，不仅针对普罗大众，对于专业人员来说也是如此。AI作图技术给我们带来的惊艳感，远非曾经所能比。恰如走到时代的奇点，彻底迎来了爆发。请随本书回首AI作图爆发的前夕，感受它发展的脉络。

最初的AI作图还没有这么复杂。如果我们以计算机的视角来理解它，那么"绘画"就是以特定的规则或目标去填充一幅空白画面，并存储为一个jpg或其他格式的图像文件。通常意义上，图像文件本质上可以理解为RGB像素值组成的数字阵列，如图1-1所示。RGB数值阵列由三层组成，分别代表红（Red）、绿（Green）、蓝（Blue）三原色，如图1-1所示，展示了图片一小块的其中一层数字阵列。因此AI作图又可以被解释为对画面上一个个细小像素点的RGB值的计算。事实上，这正是AI作图，或者说计算机图像处理的基本原理。

遵循这样的模式，我们很容易想到一个最简单的AI作图——将全白的画面涂黑，只需要将所有RGB像素值从（255,255,255）改成（0,0,0）！当然，这并不是后来令人惊艳的画作，也不是本书主要讨论的对象。但我们应该理解，计算机创造绘画的方式可以有很多种，比如基于规则去修改RGB数值的图像生成（如改变图片的亮度、锐度等）、模拟人类绘画的笔触（如Photoshop软件提供的"笔触"效果）和其他绘画效果的算法，以及基于AI深度学习技术的算法等。尽管这些算法的技术难度并不等价于AI作图的效果，但更复杂的算法意味着可以创作更多样、更复杂的画作。因此，随着计算机算法和硬件技术的迭代，AI作图的水准会不断提高。计算机的发展是AI作图从早期雏形发展到当下惊人效果的根本动力。

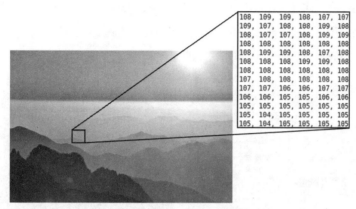

图1-1 图像中的RGB数值阵列示意图

一个公认的比较早期的AI作图程序是AARON，由英国的哈罗德·科恩（Harold Cohen）开发。这位著名的抽象画家在20世纪60年代末开始开发，随后在1973年前往斯坦福大学人工智能实验室工作，并在此期间完成了AARON的开发。该系统先创作简单的黑白图画线稿，再进行上色以完成图画。虽然AARON生成的画作已经具备一些人类绘画的特征，但其本质上还是基于规则的绘画，是在特定的、预先构建好的知识框架下生成的，并且它所创作的画作质量距离今的AI作图还有很大差距。

此后多年，AI作图领域一直没有太多突破，直到2012年神经网络模型AlexNet横空出世。AlexNet是辛顿（Hinton）和他的学生亚历克斯·克里泽夫斯基（Alex Krizhevsky）设计的，取得了2012年ImageNet图像分类竞赛冠军，这是神经网络模型第一次突破人工设计算法的性能。两年后，第一批真正意义上的AI作图模型，对抗神经网络（Generative Adversarial Network，GAN）被发明。GAN使用"生成器"来创建新图像，并使用"鉴别器"来决定哪些创建的图像被认为是成功的，通过类似"左右手博弈"的策略不断迭代学习如何创建优质的图像。至此，人类这才算是打开了AI作图的大门，并依托对深度学习技术的研究不断深入摸索。

基于深度学习的AI作图算法最早主要集中在底层视觉领域，例如超分辨率、图像恢复、去雨、去雾、去模糊、去噪、重建、风格化等。这些任务主要是针对pixel-to-pixel（像素级）的图像编辑，在视觉上取得惊艳的效果，容易引用到以手机为代表的消费级电子产品，一度吸引了人们的目光，此类技术也受到了相关厂商的热捧。后来随着计算机视觉、多模态神经网络等技术的发展，又在视觉语义理解方面不断开拓发展。这些底层视觉和高层视觉共同孕育了更加复杂的图像生成技术。如图1-2所示，4张图像展示了AI生成的不同风格。在2021年，"VQGAN（视觉生成模型）+CLIP（一种匹配图像和文本的预训练神经网络模型）"的结合使用让AI作图踏入新阶段，真正实现了较高质量的"输入文字生成图像"，打破了两个内容模态之间的壁垒。

（a）　　　　　　　　　　　　（b）

（c）　　　　　　　　　　　　（d）

图1-2　AI生成的不同风格的图像

　　尽管GAN覆盖了大部分图像生成的领域，但科学的进步似乎不甘其独占鳌头。2019年，加州大学伯克利分校的研究人员发表了一篇名为 *Denoising Diffusion Probabilistic Models*（DDPM，去噪扩散概率模型）的论文，模型出色的性能迅速掀起了一波研究扩散模型的热潮。2021年，德国慕尼黑工业大学发表了著名的 Latent Diffusion Model（LDM），这就是之后风靡全球的 Stable Diffusion 的前身。至此，AI作图的两大利器——对抗神经网络和扩散模型，都已经准备就绪，而这些年中，深度学习底层算法、计算框架、硬件设备也在不断迭代，为最后的临门一脚做足了准备。AI作图爆发的前夜似乎就在此刻，然而飞速发展的科技根本不会停留片刻。

1.1.2　里程碑式的2022年

时不我待，只争朝夕！LDM的论文于2021年上线，2022年正式发表于计算机视觉顶级学术会议CVPR 2022，但更多的论文和基于LDM的产品已呈争先恐后之势！2021年，DALL·E模型震撼上线。它是知名AI公司OpenAI基于大语言模型GPT-3（其后续产品ChatGPT是2022年自然语言处理的现象级产品）开发的一种新型神经网络，可以从文字说明直接生成图像，突破了传统图像模型和语义模型的边界。2022年2月，AI作图的"文本到图像"转换产品Disco Diffusion正式上线。两个月后，OpenAI宣布开放同类产品DALL·E 2；当月Midjourney宣布开始产品内测。2022年7月，Stable Diffusion横空出世，由于其开源特性可以接受全球网友贡献的特定模型（又称LoRA），使其可以实现的功能更加广泛。

除了技术的进步和新产品发布，媒体在AI作图爆发的过程中也起着推波助澜的作用。2022年6月11日，《经济学人》杂志选择用Midjourney生成的AI绘图作为当期杂志的封面，AI作图由此进入主流媒体视野。2022年8月，一幅由网名为Sincarnate的用户使用Midjourney生成的画作《太空歌剧院》，在美国科罗拉多州博览会夺得Fine Arts Exhibition数字艺术首奖。一位专家得出结论："人工智能艺术现在已经无处不在，甚至连专家都不知道这意味着什么。"有人认为AI会推动艺术的繁荣，有人则对AI冲击传统艺术领域感到担忧，还有人则对AI增强人类的艺术创作能力满怀憧憬。总之，AI艺术创作开始脱离学术界的小圈子，逐渐进入我们的日常生活。它迅速占领各大社交网络榜首，以至于AI画作在社交媒体中渗透的速度令人"难以接受"，"一眼AI"甚至一度成为中文网络热词。

从此，伴随着怀疑、争议和热捧，AI作图进入寻常百姓家，势不可当地在内容创作领域攻城略地。尽管社交媒体热议、版权争论渐起，但更多人在AI强大的创作能力面前心服口服地选择加入。

> 🔘 **提示**
>
> 曾经关于AI的一大言论是AI无法生产创意，然而在卷进来的各行各业中，设计行业恰恰是最积极的领域之一。不仅仅是纯绘画，包括平面设计、建筑设计、服装设计、鞋类设计、室内设计师、影视动漫等一切与图像创作相关的设计行业都开始进入这个领域。

由于前述的多数 AI 作图模型都具有一个共同点，基于自然语言描述（提示词，又称 Prompt）来生成对应图像，因此 AI 作图的发展也能受益于自然语言处理技术，并因此迎来 2022 年大爆发的最后一股助力。2022 年 11 月，OpenAI 宣布上线 ChatGPT，这个现象级的产品向世人展现了大语言模型（Large Language Model，LLM）的能力。ChatGPT 不仅登顶各大自然语言处理的性能排行榜，而且具备相当成熟的产品力，使得普通人只需简单说明就可以上手使用，感受这一世界前沿科技的力量。在 ChatGPT 的加持下，基于提示词的 AI 作图模型得到了更加丰富和准确的文字输入，甚至可以和语言模型进行复杂的耦合，其能力得到巨大提升。

1.1.3　AI作图的成熟与落地

如果说 2022 年是 AI 作图的爆发元年，那么 2023 年就是 AI 作图的落地元年。Midjourney 等 AI 作图产品逐步上线开放以后，短时间内就吸引了一大批用户的关注，长期占据国内外互联网热搜。同时，人员和资本迅速进场，AI 作图相关的创业团队如雨后春笋般涌现，迅速催熟这个新生的市场。

从技术的角度来说，AI 作图经过近十年的发展，在成本、效率、效果等方面都已经取得了长足的进步，在纹理细节、色彩、绘画元素融合等方面都达到了新的高度，接近甚至超越了人类的水平。早期的 AI 作图模型主要是"图像—图像"的变换，用户必须具备一定的图像和艺术基础才能控制模型的生产效，不然就只能依赖开发者或软件公司提供的预设模式，从适用性和效果来说都非常受限。而随着"文本—图像"的跨模态模型的成功，最新的 AI 作图普遍支持用户通过语言描述来引导模型的绘画。这种使用提示词作为输入的工作模式一方面解除了模型受限于原始输入图像内容的约束，实现了真正意义上的"生成图像"；另一方面大大降低了普通人参与的门槛，并显著提高了用户创作效果的上限。这些技术上的成熟使得 AI 作图成为艺术领域有力的竞争者。

从行业发展来看，随着这两年 AI 作图技术的逐步成熟，相关人员和资金也迅速到位，共同支撑行业的发展。当前，AI 作图全产业链的形态已初步形成，包括上游的数据和基础设施供应商，中游的模型和服务供应商，和下游的内容创作和商业化产业。从 2023 年起，AI 作图领域的创业和融资事件不断增多，主要包括以下三大类。

（1）以高校为主导的细分领域创业团队，如清华大学、西湖大学等，其特点是知名教师或实验室的长期科研成果转化，起点就具备一定的基础，发展迅速，但投入规模有限。

（2）百度、字节跳动、阿里巴巴等大公司的内部创业，其特点是可以快速聚合各类资源推动项目进展，但可能主要面向内部需求。

（3）高校或公司的技术人员出走独立创业，兼备上述两者的特点，但需要快速找到商业化的途径。

适逢互联网发展的低谷时期，各家公司团队都希望在这一新兴领域占领先机，仅在2023年上海举办的世界人工智能大会上就有多家公司携带超过30款大模型参展，激烈的竞争让行业和市场迅速打开了局面。

当前市面上可公开使用的 AI 绘图产品在不断增多，同时主流产品的优势也十分突出。在国际上，Midjourney 和 Stable Diffusion 基本形成了分庭抗礼的"两强"局面，前者的特点是用户上手门槛极低，完全基于网页服务，后者则因为开源而具备大量的用户自定义模型，发展势头迅猛。曾经谷歌开发的"Disco Diffusion"和 OpenAI 的"DALL·E"系列等产品也风靡一时，但由于用户体验等相对不足而未能成为主流。在国内，Midjourney 和 Stable Diffusion 同样占据主流，但同时国内公司产品也在不断改善，不断接近二者的水平，有望夺回市场。

从落地实用来看，不同公司都在探索潜在的途径，但目前尚未找到大规模商业化的方法。受限于模型可控、精细化等方面的不足，当前模型在工业设计方面尚未大规模铺开，如建筑设计、商品设计等领域尚不能保证完全按照用户意图实现出图，但依然可以在创意、草图等阶段显著减少设计师的工作量。不过对于娱乐、艺术等确定性要求较低的领域，AI 作图则进展迅速，图像和视频的编辑软件可以直接嵌入相关插件，协同人类用户进行创作，实现了初步的商业化。美中不足的是 AI 创作的版权依然属于未规定的"灰色地带"，这可能对 AI 作图的落地造成一定的困惑。

综上，当前 AI 作图正处于飞速发展和落地的关键时期。尽管行业尚处于起步的萌芽阶段，但依然展现出技术和市场协同发展的美好愿景。随着应用场景的不断丰富，整个产业链也会变得更健壮，分工更明确，商业模式更清晰。

1.2 AI作图工具大盘点

当前国内外最主流的 AI 作图工具使用的大都是 Diffusion 模型的技术，其中最火的是 Midjourney 和 Stable Diffusion。尽管创业产品大量涌现，但多数产品要么产品化程度不足，用户体验欠佳；要么仅基于 Stable Diffusion 等开源产品做简单的封装开发，生图性能较差，因此暂不列举。本文将对部分知名 AI 绘画产品进行介绍，以便读者拥有初步的了解。

1.2.1 Midjourney

Midjourney 是一个 Web 化的 AI 作图产品，确切地说是基于聊天工具 Discord 运行，于 2022 年夏天上线。它旨在为设计师、艺术家和创意工作者提供强大的视觉沟通和展示工具，用户可以基于它进行多样化的创作，包括动态场景、静态场景、角色设计、虚拟装饰等。用户可以通过简单的文本或草图，输入自己的想法和创意，然后由 Midjourney 的 AI 生图功能生成相应的虚拟图像。尽管用户受限于官方提供的接口进行操作，但由于开发团队准备了多个强大的模型和参数设置，且接受自然语言描述作为输入，因此用户依然可以创作出非常多样、高质量的图像。

相比于其他工具，Midjourney 的一大特点是完全基于远程服务运行而不依赖用户本地电脑的硬件，这大大降低了用户的上手门槛。得益于远程服务器的建设，通常在用户开始运行之后，Midjourney 在 60 秒之内就可以返回一组图像，而付费用户的生图速度还可以缩短许多。此外，由于其基于 Web 技术的特点，用户可以在任何设备上随时随地使用该功能，包括电脑、平板电脑和手机等，这一特点在当下的移动互联网时代将取得显著优势。

Midjourney 的社群运营也比较出色。借助 Discord 自身的讨论组功能，Midjourney 得以快速构建自己的社区，极大地促进了用户的交流和增长。用户可以在社区和画廊中便捷地分享作品和创作方法，对社区整体的提升起到了促进作用。此外，用户还可以自行构建群组进行交流，这使得团队协作成为可能。

不过 Midjourney 存在一个显著的弊端，即目前还无法在保留原图主要特征的情况下生成新图片，而会产生一些相似但不完全相同的新图像。这一点使得 Midjourney 生图的多样性比较好，但在图像编辑、图像修复等特定应用场景下则不太适用。而其他软件，如 Stable Diffusion，则可能没有这点不足。

总体来说，Midjourney 是一款完成度比较高的产品。其依赖 Discord 的构建模式巧妙地规避了软件和社区的大部分构建过程，得以专注于模型和用户体验，因此这一模式也被当前许多新兴的 AI 绘图软件所模仿。不过其限制性也不容忽视，由于受官方提供的模型的限制，用户依然无法构建高度定制化的模型，这对于专有场景落地而言是明显的不足。

提示

更多关于Midjourney的信息将在后面的章节进行详细介绍。

1.2.2 Stable Diffusion

不同于Midjourney，更多的AI绘图模型提供本地化部署模式，其中最知名的便是Stable Diffusion。Stable Diffusion事实上是一套生图软件（或者称为代码）以及一类生图模型的总称，这有别于Midjourney仅限于官方提供的模型。它们的使用方式和绘图功能，相比于在线AI绘图软件几乎没有区别，但需要用户手动安装在本地电脑上运行。本地化部署的可能有很多，例如使用AI模型的早期用户通常具有一定的编程基础，从开源代码仓库（GitHub）开始到本地构建模型并不存在很多困难；AI模型在快读迭代中，用户需要尽快使用最新版本的模型；开发团队资源有限，难以额外开发软件服务并构建背后所需的软件基础设施等。不管如何，本地化部署确实对大部分非专业用户造成了一定的门槛。然而从发展现状来看，本地化部署似乎没有阻挡Stable Diffusion成为最热门的产品之一，这大概得益于其令人折服的效果和AI作图的热度。

本地化部署同样为Stable Diffusion带来了一些独特的优势。除了前面所述的，Stable Diffusion的开源允许用户定制自己的模型，这极大地丰富了社区中模型的丰富度。此外许多团队基于其开展研究，这对于模型技术的发展起到了良好的促进作用，特别是相对于闭源的Midjourney而言。此外，开源模型更便于用户反馈其中的潜在问题，有助于团队快速迭代，这符合互联网软件的敏捷开发原则。因此从软件开发的角度来说，Stable Diffusion在将来会孕育出更加优秀的产品。

从AI绘图的效果而言，Stable Diffusion也有显著的优势，其支持精细化调整，用户对生图结果的控制程度更高。它还可以和其他模型耦合构建复杂的工作流，从而变得更多样、更高效，这是作为定期发布的软件Midjourney所不具有的。尽管这些特性在AI作图的早期阶段尚未得到重视，但随着市场和落地的不断推进，其意义会逐渐展现。

此外，Stable Diffusion团队也考虑了在线软件的优势。一方面，官方正在构建网页和软件版本的服务来提高用户使用的友好程度，如Dream Studio；另一方面，许多创业团队正基于此开发在线服务来作为官方模型的衍生品，从而填补空缺。总体而言，Stable Diffusion作为一款功能强大的模型，正在逐渐获取其应有的市场。

1.2.3 DALL·E 2

2021 年 1 月，OpenAI 推出了 DALL·E。一年后，其又退出了最新系统 DALL·E 2，能够以 4 倍的分辨率生成更真实、更准确的图像。OpenAI 开发了另一款革命性的大语言模型产品 ChatGPT，而 DALL·E 2 正是基于 GPT-3 模型和 Transformer 神经网络模型所构建的，具备强大的语言理解和文图转换能力。基于公开信息，DALL·E 2 首先将用户输入转化为类似图像的栅格编码数值，再通过图像生成模型（Diffusion）将栅格变成图像。

DALL·E 2 的工作模式类似 Midjourney，它运行在 OpenAI 的网页上。尽管用户不需要下载客户端软件，但却很难在手机或平板电脑等移动端使用它，除非通过调用其 API 进行二次开发后使用。DALL·E 2 的网页界面非常简洁且操作简单，只提供了非常有限的调节和功能按钮。这大大简化了用户生图的复杂度，但也导致生图的复杂度相对有限。从运行的效果而言，DALL·E 2 的画作质量不如 Midjourney，模型丰富度不如 Stable Diffusion，但生图的速度比 Midjourney 快很多。

从发布的时间来看，DALL·E 2 是三者中最早发布的，并且一经问世便引起轰动。不过由于其综合特性不如另外二者，因此 DALL·E 2 的热度逐渐下降了。

1.2.4 对比不同AI作图工具

随着 AI 行业的日渐火热，不断有新的 AI 作图工具和平台出现。国际上比较知名的有 Adobe Firefly、Niji·journey、Novel AI 等，其中 Firefly 支持作为插件嵌入 Photoshop 等 Adobe 设计软件中，结合传统图像编辑软件使用，使其综合性能更为强大。国内的代表包括百度的"文心一格"、商汤的"秒画"、阿里的"通义"大模型等，其特点是比较类似 Stable Diffusion 的网页版，支持指定绘画风格模型或导入自定义模型，通过输入文本或图像引导模型进行创作。部分工具的简介如表 1-1 所示，注意这里的评价均为相互对比的相对评价，且随着工具的发展迭代，其表现会有所变化。

表 1-1 部分 AI 作图工具的特点对比

名称	风格多样性	本地部署	画质高清	操作简单	自定义模型
Midjourney	所有风格		√	√	
Niji·journey	二次元		√	√	
Stable Diffusion	所有风格	√	√		√

续表

名称	风格多样性	本地部署	画质高清	操作简单	自定义模型
Disco Diffusion	适合大场景	√	√		√
Firefly	适合图像编辑	√	√		
"文心一格"	通用场景			√	
DALL·E 2	所有风格		√	√	
Novel AI	二次元	√	√	√	
盗梦师	通用场景			√	
太乙	通用场景	√			√

当前，AI作图工具可以主要归为两派：基于本地部署的模型，其作图多样性、风格多样性都比较好，但操作本地部署本身具有一定门槛，不利于普通用户；基于网页或在线程序的工具，其绘画大都具有一定的局限性，如画质、风格多样性等，且无法自定义模型。在不同工具中，最热门的Midjourney和Stable Diffusion综合表现最佳，但Adobe的Firefly由于可以和其他设计软件结合，且效果不错，后续可能会有较大的发展。此外，不管是企业的自研AI创作平台（如商汤的"日日新"、阿里的"通义"等），还是专门公司研发的AI作图平台（如Tiamat、Vegaai等），都有意延续Stable Diffusion的开源或有限开源模式，通过让平台支持多个细分场景的定制化模型来提升平台的生图效果和使用体验。

整体上，当前AI作图工具的发展局面概况如下。

（1）Midjourney和Stable Diffusion依然是当下AI作图综合表现最佳的工具。但其他工具的发展迅速，有望追平二者。

（2）AI作图工具的平台化趋势比较明显。鉴于Stable Diffusion开源社区为模型迭代带来的巨大贡献，不少新兴平台都采用了这一模式，鼓励用户为平台贡献模型，也主动接入外部模型，从而不断丰富自身的特性。

（3）AI作图工具和其他AI内容生产的结合趋势比较明显。由于多模态信息可以提升AI大模型的效果，有条件的团队会选择将不同领域的AI生成模型结合开发，反哺AI作图的效果。

考虑到使用场景和需求，Midjourney这类在线工具简单快捷易上手，新手即可创作出效果惊人的图画，适合希望专注AI创作且不排斥付费的用户；Stable Diffusion这类离线工具定制化程度高，程序透明度和可控性较好，适合需要精细调整、具有一定专业基础的用户。但有条件的用户还可以将二者结合使用，将取得更好的效果。当前AI作图的发展正如火如荼，我们也期待将来会有更多成熟易用的产品出现。

1.2.5 为何选择Midjourney

以终为始，让我们从使用AI作图的目的出发，会更容易理解为何选Midjourney。"AI作图"顾名思义，就是使用人工智能为使用者创作所需要的图片，至于作图过程中所需要的设备条件、所需调控的模型、所需的技能都是为了达到作图目的的过程。真正的AI作图最终解放的是人类的双手，考验的是人类的想象力。就目前的AI作图工具而言，能够最大限度地实现解放双手、实现想象力的AI作图工具非Midjourney莫属。

Midjourney作为AIGC现象级应用，由一个同名实验室自筹资金研发，仅有11名全职员工却在一年内吸引了超过1000万名用户，并创造了1亿美元的营收。为什么众多的AI作图工具中，本书更推荐读者们选择Midjourney作为AI作画入门级的学习工具呢？下面介绍一下Midjourney的几大核心优势。

（1）使用门槛低。Midjourney搭载在Discord社区中，不需要部署本地配置，不需要调试复杂的模型参数，对系统的硬件性能没有特殊要求，使用时也不需要任何代码。仅通过移动设备在线使用，输入合适的英文提示词即可生成美观的图像。这对于入门AI作画的普通用户来说，提供了极低的使用门槛。

（2）图片美观。不同于Stable Diffusion或DALL·E 2，Midjourney在生图反馈时模型具有适应性和对风格提示的响应能力，默认偏向于创作具有美学属性的图像，擅长运用多样的构图与和谐的色彩创作出细节清晰、完成度极高、令人满意的图像，能够在简短的提示词的基础上，反馈优质的图像。

（3）功能强大。Midjourney不仅在作图方式上支持文生图、图生图、混合变换、图像提示等作图功能，生成图合成、图像转矢量等作图相关插件，也极大地拓展了AI作图的能力边界。

（4）潜力无限。Midjourney自发布以来不断根据用户反馈迭代其绘图模型，至本书撰写时，已经完成发布了5.2版模型。在不断更新的模型中，其绘图功能也不断强大，例如5.2版模型中新添加的强大的拓展图像功能，在未来更迭的模型中也将不断改善其缺点，丰富其作图功能，可谓潜力无限。

（5）无限使用。作为一款商业的付费产品，Midjourney的用户通过订阅购买GPU

的使用时间，但是对于标准计划及以上的订阅用户可以在订阅期间无限使用轻松模式进行生图。

（6）易于保存。Midjourney 通过自动存档在其官网的个人账户界面保存了用户以往生成的所有作品，用户无须担心丢失所制作的图像。此外，它还将所有缩略图保存在 2×2 网格中，用户仅需进行简单的批量操作即能将所生成的图像全部下载至本地。

1.3 〉 AI作图的商业化道路

对于 AI 作图，与技术突破同样令人着迷的还有商业化。与其他高新科技不同的是，AI 作图在艺术、设计、娱乐等领域有明确而突出的商业价值，且这些领域具有显著的技术壁垒。作为破局者的 AI 技术，前所未有地降低了普通人参与艺术设计的门槛，同时显著提高了设计品的生产效率，自然也拥有了一条明晰的商业化途径和巨大的发展潜力。然而，想象空间不代表毫无阻碍，不管是前期基础设施建设的成本、产业链的不完善，还是法律监管的不确定性，都需要相关从业者审慎行事。

1.3.1 常见的AI作图商业化方式

尽管 AI 作图的商业化对公司和个人来说有所不同，但大体可以概括为直接商业化和间接商业化两大类。直接商业化是指借助 AI 制作可以直接销售的产品，例如漫画、表情包、绘画作品等；间接商业化是指通过 AI 参与商品设计制造的部分环节，从而降本增效并获取利益。简单来说，就是直接卖图或是借助图片售卖其他产品。对于可直接商业化的产品而言，其制作环节较少、成本和难度较低、参与门槛较低，适合新手入门，但获取的利润往往也比较有限；对于间接商业化的场景，AI 制作的图像可以用于较大的项目，其优化和提升对整体效益产生规模化的影响，例如网站优化带来的客流量可能导致营收的整体上涨，利润想象空间更大，但可能需要专业团队才能实现。

从具体的操作层面来说，笔者认为 AI 作图主要体现在两方面：对传统作图的替代，以及创新作图的应用。这里"作图"是广义的，是指一切以图像的创造和编辑为主体的工作，例如摄影、制作海报、设计效果图、设计二维 IP 形象等。在前述的两方面中，前者是指以往"人力＋设计软件＋采图设备"的作图模式将被 AI 作图在一定程度上取代，特别是低端、重复的工作；后者是指 AI 实现了规模化、多样化、高效率、低成本的创意制图，使得以往难以通过人力实现的工作变成了可能，例如超出从业者个人认知的超现实主义题材的设计或摄影。

> 不同商业化方式的利弊需要结合具体业务场景分析。

笔者根据商业化模式的不同，汇总了一些落地的具体途径，如表1-2所示。其中，"场景"一栏主要是指 AI 商业化的行业背景，然而可能存在同一商业化途径在多个行业均适用的情况，表1-2中并未一一赘述，仅列出典型作为参考说明。而"具体途径"一栏主要是指常见的具体商业化方法，其含义将在下文解释。

表 1-2   不同场景下 AI 作图的直接和间接商业化途径汇总

行业背景	商业化模式	具体途径
艺术、文化创意	直接商业化	美术创作、文创品设计
内容创作	直接商业化	图书插画、动漫设计、动画设计
新媒体创作	直接商业化	表情包设计、头像设计、Logo 设计
图像编辑	直接商业化	图像编辑、图像修复
电商、消费行业	间接商业化	包装设计、模特素材、商品特写、品牌 IP 设计
视觉广告	间接商业化	KV 设计、海报设计
互联网	间接商业化	UI 设计、网页组件设计、icon 设计
游戏	间接商业化	游戏场景、游戏角色、游戏素材
影视、摄影	间接商业化	布景设计、造型设计、服装设计

1.3.2   直接商业化：如何售卖AI作品

直接商业化的做法和传统制图、设计没有本质区别，设计师和画师依然在从事以往的工作，而仅将 AI 作图工具作为一种高效的设计制图软件来使用，正如 Photoshop 出现之前的工作者第一次接触 Photoshop 一样。

> AI 作图工具的优势在于，它可以高效地生成图片，即使画面很复杂，也可以直接根据语言描述作画，大大提高了画面实现的准确度和效率。此外还可以创作出一些意想不到的效果，作为细节灵感的帮助。下面笔者会介绍在一些常见工作中 AI 制图工具的具体使用方法。

1. 艺术、文化创意：美术创作、文创品设计等

艺术、文化创意是最典型的 AI 作图商业化方式，即直接售卖制作的图像。不管是生成的漫画风格的图片，还是摄影风格的伪照片，只要制作精良、构思巧妙，或者正好符合买家的需求，都可以直接售卖——只要能确定这张图片的版权。目前许多软件都会宣称 AI 所制作的图像是"无版权"的，这意味着用户可以自行处理这些图片。更进一步地，用户可以将这些画作精心包装成文创商品，例如印着图画的杯子、衣服、游戏纸牌等，甚至只需将图像装裱起来就可以作为精美的装饰画来销售。通过售卖更昂贵的商品来提高 AI 图像的附加值，可以获取更高的商业价值。图 1-3 展示了 AI 图像用于文创产品的效果图。

（a）美术创作　　　　　（b）定制文化衫　　　　　（c）定制马克杯　　　　　（d）定制枕头

图1-3　AI图像用于文创产品的效果图

2. 内容创作：图书插画、动漫设计、动画设计等

内容创作时，创作者需要绘制大量的背景图、多种姿态的角色图，并且需要一定的连续变化，从而让画面看起来更流畅。在 AI 作图工具的助力下，我们可以将图书插画、动漫或动画的生产流程解耦为独立环节，再看看怎么提高制作的效率。用户可以先拟定一个动画的故事大纲，设计基本的角色、场景和故事线等，为绘图打好基础。然后可以根据场景描述，利用 AI 作图工具制作不同的图像，特别是可以利用一些专用工具（如 Niji·journey、Novel AI 等）来生成二次元画面；利用角色描述，一次性批量生产不同姿态的角色图片，并选取合适的放置在场景中。由于 AI 作图工具可以连续多张作图，因此可以一次性生成连续的姿态动作变化的图片；或者只制作关键帧的图片，再通过 AI 插帧工具来补充中间的帧。最后，再为这些画面添加对白，即可完成一组简单的漫画或动画！如图 1-4 所示图像相关过程演示均通过 Midjourney 生成。

如果希望更加专业地制作动画，读者可以参考这套制作流水线，如图 1-5 所示，相信对你会有所帮助！

（a）漫画场景　　　　　　（b）漫画人物　　　　　　（b）合成漫画

图1-4　AI生成漫画的效果图

图1-5　动画制作流水线示意图

3. 新媒体创作：表情包设计、头像设计、Logo 设计等

通常我们在聊天软件中使用的头像包括二次元形象、大头照、风景、特定物品等，情侣之间还会使用情侣头像——具有暧昧意义且有强关联的两张情侣画像。对于单人所用的头像（前者），用户可以通过设定 1∶1 的出图比例，通过提示词让 AI 生成想要的头像；对于情侣头像，用户可以设计 2∶1 的比例制作图像，再分割为两张情侣头像。对于不满意的部分可以多次调整生成再挑选。图 1-6 展示了一些 AI 制作的情侣头像。由于 Logo 设计的 AI 作图流程和头像类似，因此不再赘述，但用户需要注意 Logo 的商用版权问题。

对于表情包，可以按照头像的方式，根据预设的表情含义或文字，按照九宫格的形式一次生成九张图像，多次生成后挑选喜欢的几张，再用修图软件添加相应的文字就可以变成一套表情包啦！最后上传聊天软件之前记得转换为指定的图片格式哦！图 1-7 展示了一套制作好的表情包。

图1-6　Midjourney单次生成的一组
情侣头像

4. 图像编辑：图像编辑、图像修复

AI 作图技术可以用于图像编辑和修复，例如修复老照片、消除瑕疵、调整色彩等。用户可以借助 AI 提供的专业的图像编辑和修复服务，修复旧照片或改善图像质量。近年来，有人成功将 20 世纪初中国的黑白老照片修复上色，让当年的生活场景在一百年后得以再现，这正是基于 AI 修图的原理。这可以应用于个人用户、摄影师、媒体机构等，通过提供高质量的图像处理服务来获得收入。

图1-7　Midjourney生成的一组表情包

1.3.3　间接商业化：借助AI实现降本增效

间接商业化依赖其他的商业模式或者工作，利用 AI 提高工作环节的效率或者质量来实现更好的销售效果，通过降本增效来获取额外利润，从而体现 AI 作图的价值。

> **提示**
>
> 不同的行业多少都会和视觉图像打交道，例如售卖商品需要视觉广告、游戏制作需要视觉元素等，更别提影视制作这种直接输出视觉产品的领域了。因此间接商业化的形式在各行各业都有巨大潜力，等待我们去挖掘。

1. 电商、消费行业：包装设计、模特素材、商品特写、品牌 IP 设计等

在电商平台上销售产品，店家需要通过精美巧妙的商品图来展现产品的特性、吸引顾客。这些商品图包含多个方面，例如商品的包装和外观、使用效果图、材料特写图、品牌调性场景图和模特展示图等。以往为了制作这些不同的图像，店家需要分别设计、拍摄，再进行后期处理，一些环节还可能需要聘用专人模特甚至外部团队协作，如果遇到需要调整的情况，耗资将会更加巨大。如今借助 AI 作图工具，店家可以快速生成不同的包装效果图，再根据最佳的展示效果定制专门的包装材料；可以利用 AI 生成真人模特图片，再添加真实产品（如衣服、包包、玩具等）合成模特与产品的特写；利用 AI 作图工具可以对产品图合成不同场景、光影效果下的角度特写，从而节省大量专业拍摄的成本和时间。图 1-8 展示了利用 AI 生成咸鸭蛋的包装效果图，辅助产品销售。以上种种都表明了如何

通过 AI 生成的优质图像来充分展示产品的特点，提高销量，获取利润。

（a）　　　　　　　　　　　　（b）

图1-8　利用Midjourney设计咸鸭蛋的包装盒

2. 视觉广告：KV 设计、海报设计等

KV 设计是一种广告设计模式，是指选取一个最具代表性的视觉元素，作为核心形象传达广告的主题和信息，本质上 KV 设计也是海报设计的一种。对于一般的海报设计，通常由背景、主体、文字三层构成，和漫画的背景、角色、对白三层结构非常相似，因此我们可以仿照漫画的 AI 作图流程。在确定好宣传方所需要的海报主旨、设计风格、尺寸比例等设计参数信息之后，就可以撰写合适的提示词，通过 AI 生成合适的图层元素。每个图层可以一次生成多张图片，再选取合适的进行调整、补充细节。最后结合海报画面的排版特点，把前景文案添加到海报上，即完成制作。图 1-9 为一幅利用 Midjourney 制作的端午节粽子海报：首先生成大粽子的背景图，其次将单独制作的两个嬉戏的小孩添加到图层上，最后添加文字即完成。AI 将原本需要将近一周时间才能完成海报工作缩短到半天，大大提高了生产效率。借助更精美的海报，宣传方可以达到更好的传媒效果，提高活动举办的成效。

3. 互联网：UI 设计、网页组件设计、icon 设计等

在互联网场景下，用户最常接触的就是网页或移

图1-9　端午节粽子海报图

动 App 的界面，这些前端页面需要高效简洁地向用户展示不同功能按钮，或者特定的信息。有些软件，例如游戏程序，还会特地将 icon 设计成某些风格以体现企业的品位或迎合用户的喜好。然而在复杂的程序中保持更新这些页面组件是一个具有挑战性的事情，大企业的 UI 设计师不得不为此奔波劳命，不然企业的软件就会被用户吐槽"万年不变"！AI 作图工具可以帮助设计师快速生成网页组件模块的样式，并搭建出页面的雏形，进行快速迭代设计，实现前端交互设计的敏捷开发！首先根据企业调性，选择合适的组件风格。以页面"按钮"为例，我们需要为一家高新技术企业设计 3D 立体风格的组件，可以通过 AI 作图工具设计出一批按钮，再选择一张合适的图片，通过"图生图"方式扩展生成其他功能的 icon。图 1-10 为一组文件夹的 icon 图片。在获得合适的模块设计后，就可以继续设计页面的背景图、动态效果等。当然也可以反过来，预先生成完整的页面效果图，再逐步完成每个组件的细节。设计师节省了烦琐的绘图时间，从而得以专注于整体的设计。

图1-10　利用Midjourney生成的页面icon图像

4. 游戏：游戏场景、游戏角色、游戏素材等

不同于前面提过的漫画设计，游戏中所使用的素材只有一部分可以按照"背景—角色—文字"三图层的模式进行设计。游戏美工设计更加全面和复杂，涵盖地形、建筑、植物、人物、动物、怪物、道具、动画、特效、界面等，例如一整套的道具、不同角色的形象、超大场景和地图等。相关元素可以大体分为静态元素和动态元素两类，静态元素根据规模大小，所使用的 AI 作图方式会有所区别。例如道具、卡牌之类的元素可以独立生成，而诸如大地图之类的复杂图片则可能需要多次生成子图再拼合。对于动态元素，则涉及动态效果、角色模型等，这些对于现有的 AI 作图工具还存在不少挑战，可能需要结合其他建模软件才能完成。图 1-11 为一组 Midjourney 生成的小型场景的效果。

值得一提的是，AI 作图可能对中国风游戏有着特别的优势。由于国风游戏追求细腻精美的画面，由画师手工绘制这些繁复的细节是一件十分困难且耗时的工作，而 AI 工具可以高效地生产国风图像，画师只需作一定的修改即可使用，大大加快了游戏上线和更新的速度。

图1-11　Midjourney生成的一组游戏街景图

5. 影视、摄影：布景设计、造型设计、服装设计

由于商业摄影需要选取合适的背景、机位、模特、服化道、镜头、灯光等，因此提前模拟拍摄效果，甚至通过 AI 生成某些场景图，对降低摄制成本、提高出片效率有着重要的帮助。包括 Midjourney 在内的 AI 作画工具可以直接生成高清的人物、物品、风光图片，对于合成这些图片有着巨大的优势。即使图像的分辨率达不到要求，也可以借助图像增强放大软件来完成。图 1-12 展示了一张赛博朋克主题的电影剧照，是通过 Midjourney 生成的，对于同题材电影的编剧、摄像和导演等工作有着重要的帮助。

图1-12　AI生成的电影剧照

1.3.4　其他商业化方式

除了以上提到的 AI 作图商业化方式，还有其他针对 AI 作图这一概念和过程本身的商业化手段。下面列举了一些容易实现的例子，以供读者参考。

（1）开发和销售 AI 作图工具和软件。如果你具备 AI 技术的开发和编程能力，那就可以开发和销售 AI 作图工具和软件，这些工具和软件可以帮助客户利用 AI 技术进行创作、设计、处理图像等。你可以将这些工具和软件出售给个人用户、设计师、摄影师等，并提供技术支持和更新服务。你也可以创建一个订阅平台或会员计划，为用户提供独家的 AI 作图内容和服务。通过提供高质量的、定期更新的作品、教程、资源等，吸引用户订阅并支付会费，正如 Midjourney 等在线平台一样。

（2）AI 图商。不管是 AI 作图模型的训练，还是广大用户利用 AI 工具生成的图像，都需要一个较大的 AI 图片素材平台来托管和交易这些图片。通过构建和运营 AI 作图平台或市场，为创作者和用户提供交流和交易的平台，让创作者展示和销售他们的 AI 作图作品，同时还可以借助平台提供购买和使用 AI 作图服务的渠道。

（3）教育和培训。利用你在 AI 作图方面的专业知识，可以提供在线教育和培训课程。可以开设教学视频、指导材料、在线课程等，帮助学习者掌握 AI 作图技术。通过出售课程或收取学费，实现收益。当前正值 AI 作图的热潮，开设相关课程将更容易吸引学员。

（4）社交媒体和内容创作。利用社交媒体平台，分享你的 AI 作图作品和技术知识，建立自己的粉丝群体。通过吸引大量的关注者和用户，可以获得品牌赞助、推广合作、付费推文等机会，从而实现商业化。

（5）研发和创新项目。你可以参与有关 AI 作图的研究和开发项目，申请相关的科研资助和项目拨款，并争取研究资助、投资或合作伙伴的支持。通过开展创新项目，推动 AI 作图技术的前沿研究，并将其转化为商业应用和收益来源。这可以帮助推动技术的进步和创新，并为公司带来声誉和商业机会。

AI 作图工具对人类日常生活的影响是普遍而深刻的，它和我们生活的交集越多，可供商业化的渠道就越多。观察自己生活中和图像有关的场景，你将发现更多商机！

1.3.5　AI作图的法律问题

应当注意的是，在以商业目的使用 AI 制作的图像时（包括前文的直接和间接商业化），法律问题是我们始终需要关注的。

🔲 提示

　　本书希望引导读者共同探讨这一问题，然而由于 AI 技术相关立法还处于"灰色地带"，现有法律条文在 AI 的冲击下面临不再适用、需要修订增补的境地，因此本书的观点仅能反映写作时的情况，读者应当结合最新情况来自行判断。

由于 AI 作图方式的特殊性，即通过计算机学习拟合海量图片后，再通过控制参数生成，因此很容易被理解为对现有图像的重新组合。在这样的观点下，不仅不能认定 AI 工具生成图像的原创性，而且面临对 AI 模型所使用的训练数据（即学习图像）的版权侵犯问题。

截至目前，世界各国对 AI 作图的版权问题依然没有定论。这意味着我们不得不相机行事。许多 AI 作图工具的开发公司发布了相关的版权限制和声明，用户可以对使用的平台自行查看。以 Midjourney 为例，在其官方的用户协议相关条款中[1]，第4部分即为版权和商标说明，原文请查看官方网页。现将 2023 年 7 月 17 日所展示的部分相关条款翻译如下，请注意只有英文原版可以反映 Midjourney 官方的原意。

版权及商标

在本节中，付费会员指已订阅付费计划的客户。

您给予 Midjourney 的权利

通过使用本服务，您向 Midjourney 及其后继者授予一项永久的、全球性的、非排他性的、可再许可的、免费的、免版税的、不可撤销的版权许可，以按照您的指示复制、准备衍生作品、公开展示、公开表演、再许可和分发您输入本服务或本服务生产的资产中的文本和图像提示。本许可在任何一方因任何原因终止本协议后仍然有效。

您的权利

根据上述许可，您拥有使用服务创建的所有资产，前提是这些资产是根据本协议创建的。这排除了升级其他人的图像，这些图像仍然由原始资产创建者拥有。Midjourney 不就可能适用于您的现行法律做出任何陈述或保证。如果您想了解您所在司法管辖区的现行法律状况，请咨询您自己的律师。即使在随后的几个月里您降级或取消了您的会员资格，您对您创建的资产的所有权仍然存在。但是，如果您属于下列情况，则不拥有资产。

如果您是年总收入超过 1000000 美元的公司的员工或所有者，并且您代表您的雇主使用"服务"，则您必须为代表您访问"服务"的每个个人购买"专业"会员资格，以便拥有您创建的资产。如果您不确定您的使用是否代表您的雇主，请假设它是。

1　Midjourney. Terms of Service[EB/OL]. Midjourney Documentation, 2023 年 6 月 8 日。

如果您不是付费会员，则您不拥有您创建的资产。相反，Midjourney 根据知识共享非商业性 4.0 国际署名许可（"资产许可"）授予您使用这些资产的许可。

请注意 Midjourney 是一个开放的社区，允许其他人使用和重新混合您在公共环境中发布的图像和提示。默认情况下，您的图像是公开可见和可重新混合的。如上所述，您授予 Midjourney 许可允许此操作。如果您购买"专业"计划，可以绕过这些公共共享默认设置。

如果您作为"专业版"订阅的一部分购买了"隐形"功能，或通过先前可用的附加组件购买了"隐形"功能，我们同意尽最大努力不发布您在服务中采用"隐形"模式的任何情况下制作的任何资产。

请注意，您在共享或开放空间（如 Discord 聊天室）中制作的任何图像，无论是否使用隐身模式，该聊天室中的任何人都可以查看。

1.4 〉 高效的AI作图工作流

对于商业化、工业化的应用场景，存在批量化、大规模、定制化作图的需求。往常这些大量任务主要是通过多个设计师或画师分散任务或协作来完成，然而对于程序化的 AI 作图工具而言，将会有更加成熟的流水线做法，这里称为 AI 作图的工作流（Workflow）。通过构建高效的 AI 作图工作流，我们期望可以保持高水平的图像生成，且尽量提高机器生图的效率，从而充分发挥 AI 的力量！

1.4.1　什么是AI作图工作流

工作流技术起源于 20 世纪 70 年代中期办公自动化领域的研究，不同领域的"工作流"有着类似的定义。对于计算机行业而言，工作流是指业务相关的事务在计算机中的自动化，是对工作流程及其各操作步骤之间业务逻辑的抽象和概括。构建工作流的主要目的和效用，是为了实现某个业务目标，借助计算机利用自动化流程来传递信息、文件或执行任务。具体到作图领域，可以理解为将设计师的传统作图流程，分解为一个个标准化的任务来描述。不管是什么主体的作图，都应该涉及这个作图工作流的一部分环节或整体。图 1-13 给出了一个传统的作图工作流的示意图。

图1-13　传统作图工作流示意图，顺序为从左到右

　　在 AI 作图出现之前，计算机或其他自动化设备对设计师作图流程的介入和辅助是有限的。这可能主要出于以下几点原因。

　　（1）之前的计算机图像软件局限于图像编辑的功能，用户只能利用其构建或编辑已有的图像，且编辑效果受限于已有图像和素材元素。对于 3D 建模软件而言同样如此，这导致作图效率和多样性的局限性。

　　（2）现有软件的操作指令完全通过操作者输入。尽管开源模板的分享使得许多设计师的工作有所减轻，并降低了新人创作的门槛，但依然依赖优秀模板设计师的努力。

　　（3）现有软件的操作效率和可控性都比较低，难以实现自动化运转的同时还保持一定的效果。由于 Midjourney 等基于最新技术的 AI 模型已经展现出了惊人的效果，上述问题都已经得到很大程度的缓解，甚至可能在不久的将来会被彻底解决。作为紧随前沿的从业者，我们有必要思考"设计自动化""作图工作流"等这些全新概念对自身工作和行业的意义。

　　结合前文的描述，这里给出一个简单的 AI 作图工作流的示意图，如图 1-14 所示。其中发散思维和创作草图的环节变成了确定提示词，收集、制作素材的工作改为借助 AI 完成，优化初稿的工作也将大量借助 AI。此外其他环节也在不同程度上因为 AI 的使用而有所区别。根据笔者的理解，AI 带来的优化可以主要概括为以下两个方面。

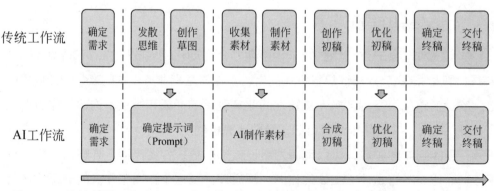

图1-14　传统作图工作流和AI工作流的对比（虚线和向下箭头指示了AI替代的环节）

（1）加速思维创作。由于 AI 工具接入了自然语言描述作为作图的输入，因此设计师获得了"所想即所得"的创作体验，在思维风暴阶段的碎片化灵感将可以被立刻实现，即使是微弱的想法和印象也可以被 AI 强化后可视化展现出来，显著加速了前期的草稿创作。

（2）改变制图模式。首先，AI 作图将传统流程中复杂的设计过程简化为提示词的撰写，仅仅要求设计师准确地描述画面即可，在效率和准确性上都有显著的提高。其次，AI 可以制作复杂多样的图像，在多数情况下都可以替代简单的作图，因此传统的从 0 到 1 的制图模式转变成了"AI 制作基础图像 + 人类微调的辅助制图"模式，在效率和质量上有显著的提高。

根据笔者前面的描述，不难看出在 AI 作图的工作流下，设计中琐碎、简单的环节将被 AI 所取代，人类设计师只需要介入质量把控、后期优化等关键环节，包括前端需求确认在内的大部分环节甚至可以开放给需求方，让上下游协同工作，实现更好的交付效果。事实上，许多互联网大厂都已在不同程度上接入 AI 设计的工作流，例如阿里巴巴的"鹿班"AI 设计系统就一直为电商不停地生产 banner、海报等图像，极大地方便了店家的设计和运营。因此，在 AI 作图的工作流框架下，基于计算机的自动化有望成为将来商业化、工业化制图的发展趋势。

 提示

AI 对于现有工作流程和模式的影响还是一个开放性问题，你有什么样的想法呢？

1.4.2 面向商业设计的工作流

本小节我们将结合实际落地场景，展示一个面向商业设计的 AI 作图工作流的基本面貌。如图 1-14 所示，AI 作图的工作流在确定需求之后，需要根据需要撰写提示词，并根据提示词生成相应的素材，最后组合素材，进行后期编辑、迭代即可定稿。下面结合一些商业化场景给出典型案例。

（1）招聘网站视觉设计。招聘网站展示了多个不同领域不同岗位的招聘信息，此外在不同的运营宣传活动中，都需要大量的展示图片来展示信息、引导用户。参考赶集直招团队的案例 [1]，面向一场多岗位招聘活动的设计包括"设计资产准备""AI 品牌语言表达"等主要部分，对应图 1-14 中的"AI 制作素材"的环节。在"设计资产准备"中，设计师需

1　58UXD. AIGC 拉升设计生产力——赶集直招 AI 设计实战案例全解析 [R/OL]. 58UXD, 2023 年 5 月 25 日。

要根据具体岗位搭建符合要求的人物素材和物品道具素材，AI 生成的任务免去了模特拍摄的流程和开销，但在外貌、情绪、姿态等方面可以更加符合使用需求，并可以按相同风格和标准生成不同行业细分岗位的角色。在"AI 品牌语言表达"中，企业需要通过一套规范来保证设计调性的稳定性和独特性，而 AI 除了准确生成图像主体元素之外，还可以通过背景、装饰模块的生成更加精准地描述企业的设计调性。

（2）电商平台广告设计。电商平台在商品、品牌、营销、体验等多个领域对平面设计都存在需求，网易严选创新设计中心对 AI 作图在其中的作用进行了应用和探索[1]。团队针对设计调研、设计提案、获取素材、包装设计、工业造型设计、商品图案设计、IP 设计等多个环节实践了 AI 作图的效果，结果表明 AI 作图可以普遍提高设计效率，特别是在辅助创意提案和辅助拍摄两方面。通过：①草拟内容组织 Prompt；②修改 / 垫图控制生成结果；③二次调整修改细节；④整理并输出方案。

这样一个较短的工作流，设计师就可以在短时间内完成一个设计提案。为了更好地使用 AI 模型，还可以使用类似 ChatGPT 等自然语言 AI 模型来优化提示词的写法。围绕网易严选的调性，可以针对角色、场景、服化道等对象生成摄影素材图，多样性的素材可以大大降低制作成本，提高效率和质量。团队基于这些结论进行补充实验，表明 AI 作图可以达到一定程度降本增效的作用，并沉淀出了以下方法论：①摄影素材 Prompt；②实拍摄物；③设计制作。在商品图的生产上可以构建稳定通用的工作流。

（3）游戏公司视觉设计。游戏领域同样也是一个大量需要图像制作的领域，网易互娱 ASAK 设计团队展示了其在多个方面实际落地的经验[2]，包括活动弹窗、勋章图标、IP 形象、KV/ 海报、场景、动画分镜、物料等多种元素的设计。

报告提到，结合 Midjourney 和 Stable Diffusion 的协作设计可以极大地缩短概念风格、设计初稿和设计终稿的反复沟通时间，整体上可以提高 25% ~ 55% 效率。具体而言，以活动弹窗为例，游戏中新活动如果需要展现具体的奖励目标，则需要在弹窗中展现目标的形象。因此先运用 ChatGPT 获取弹窗的设计思路，尽可能提取多角度的描述词作为提示词，并结合游戏领域增加"荣耀""宝石""高级感"等符合玩家心理的描述词，便可以放在 AI 工具中反复生图，直到获得满意的效果为止。

1　严选创新设计中心 . AIGC——探索 AIGC 在网易严选中的应用 [R/OL]. 网易严选创新设计中心 IDC, 2023 年 4 月 23 日。

2　网易互娱 ASAK 设计团队 . 八大实战案例！AIGC 在网易落地项目中的运用 [R/OL]. 优设网 , 2023 年 4 月 11 日。

对于 IP 设计，设计师对形象有一个简单而具象的预期，因此首先可以绘制线稿，线稿与提示词在生图时具有同等的提示作用。其次根据需要选择 MeinaMix、BlindBox、ControlNet 等插件，在 Stable Diffusion 中实现预期的效果。最后设计师灵活调整参数多生成几次，挑选出最合适的图片进行后期处理。相比于图 1-14 中展示的流程，这里在提示词阶段使用了线稿，在生成素材阶段使用了额外的软件插件，但整体思路还是一致的。

在确定好适合自身业务的工作流之后，设计师可以形成一套自己的工作习惯，也可以更进一步地借助代码或程序自动化执行软件和部分事务，真正解放自己的双手！

1.4.3　如何打造高效的工作流

在前面的小节中，我们介绍了基本的 AI 作图工作流及其在具体落地场景中的应用案例。为了进一步使工作流符合批量化、流水线生产的需求，我们还可以做进一步的改进。

（1）快速出飞机稿。在设计初期为了探索、确定需求而作的额外的草图被称为"飞机稿"，快速绘制尽可能多的飞机稿可以帮助设计师和上游需求方在需求和细节上达成一致。以往人工绘制飞机稿费时费力，沟通成本较高，而 AI 工具的高效率可以克服这些困难，可以将劣势转换为优点。设计师可以在工作流中加入多轮草稿创作的环节，将确定需求后撰写的提示词不断作图试错，快速和需求方根据大量飞机稿迭代出最贴切的需求描述和提示词，提高作图的准确性和整体效率，减少返工。

（2）分级设计。在实际运营中，不同的设计需求难度不同，复杂项目往往需要更多的设计流程和更高的交付标准，设计师所使用的方法、付出的实践精力也不一样。因此设计师可以根据实际情况将设计项目分级，分别设计不同的 AI 作图工作流来应对。根据腾讯社交用户体验设计部的实践案例[1]，可以按活动类型、周期、对应设计复杂程度，将设计需求分为 S、A、B 三个级别。其中 S 级别以专题大促为主，页面以 banner 和 H5 为代表；A 级别以平台活动为主，同样是 banner 和 H5 需求并存；B 级别为日常促销，以 banner 需求居多。相对应，B 类需求可以使用轻量手段快速达成，可以直接生成画面元素再简单进行修改完成；A 类需求通常需要在探索风格、绘制画面细节上花费较长时间，需要撰写提示词并垫图后利用 AI 辅助生成，有时候还需要二次生成和额外调整；对于展示周期最长、质量要求最高的 S 级设计，其设计流程和 A 类需求基本一致，但需要设计师更加熟悉 AI 工具的参数和插件使用方法，进行更加精细的控制生成和后期调整。如果希望优化 S 类设计需求的使用体验，可以在工作流中增加批量作图的次数，设计师可以通过大量筛

1　腾讯社交用户体验设计部 . 运用 AIGC 人工智能生产内容 [R/OL]. Tencent ISUX Design, 2023 年 3 月 1 日。

选来减少修改、调整图像的时间。

（3）组件化设计。为了减少 AI 作图后人工调整的负担，优化 AI 作图的质量，我们很自然地想到的一个策略就是"头痛医头、脚痛医脚"。如果 AI 作图的大部分画面都符合需求而只有一部分区域需要调整的话，我们可以考虑调整局部或重绘画面。反之，我们可以预先将制好的图像提取出合格的部分作为组件补丁，在后续的作图中可以将这些组件快速填充到新作的图中，快速定制图像。对此，网易互娱 ASAK 设计团队将设计行业内的组件化设计迁移到 AI 作图的工作流中[1]。团队指出，AI 的优势之一是可以快速生成大量素材，AI 生成的可复用的素材可以统一汇总整理作为团队的组件库。例如，在动画分镜中，人物的面部表情，具有高复用性，基于这种高复用性特征，可以使用 AI 生成全局组件库，方便其他画面复用，避免每次都基于场景去重绘。

（4）构建素材库。由于 AI 设计需要大量的提示词、垫图、组件等，因此设计师可以提前收集、整理相关数据构建定制化的素材库，在正式作图的时候可以从素材库中针对性地提取相应的数据使用。此外，对于有能力训练 AI 模型的设计师而言，收集图像数据还可以帮助重新训练一个专用的生图模型，从而在业务制图的时候直接生成更好的效果。注意这一方法仅适用于支持自定义模型的 AI 作图工具。

1.5 本章小结

在本章中，我们接触了 AI 作图的发展历程；感受了 AI 作图技术在短短十年的时间里飞速发展的惊人速度；了解了不同 AI 作图工具的基本特性，为后续恰当的选择使用做好了基础；见识了多种多样的商业化方法，应当明白 AI 作图在技术和商业化的道路上都处于朝阳阶段；学习了 AI 作图的工作流方法，将其应用在实践中会更充分地发挥 AI 的实力。笔者在为读者介绍的同时，也在不断感受着最新的发展。AI 作图正如一株破土而出的春芽，洋溢着蓬勃发展的活力。更多的内容限于篇幅不能尽数落笔，愿读者在日后的学习工作中保持对这一领域的热情，继续跟进！

经过本章的学习，读者应当已认识到 AI 作图的出现是计算机科学技术发展的必然结果，同时也是艺术领域技术革命的开始。AI 并非洪水猛兽，不会野蛮地剥夺传统从业者的领地。但 AI 注定会是一叶扁舟，拒绝它的人可能会渐渐淹没在时代的洪流中，而善用的人将会乘风破浪，看到艺术设计领域"更上一层楼"的一天！

1　网易互娱 ASAK 设计团队. 网易大厂出品！AIGC 组件化设计方法 [R/OL]. 优设网, 2023 年 5 月 24 日。

CHAPTER TWO

第 2 章

开启 Midjourney 之旅

...

接下来，我们正式开启Midjourney的探索之旅！本章将为你揭开Midjourney的神秘面纱，并提供一份详尽的入门指南，以助你在学习过程中取得成功。本章将为你详细介绍Midjourney及其所搭载的Discord中的各项操作，并对常用的作图模型和参数进行对比，引导你使用Midjourney创建第一幅AI作品。通过本章的学习，你将初步了解Midjourney的各项基础命令、操作及各类绘图模型，为之后的学习之路打下坚固的基石。

本章主要涉及的知识点有：

·了解Discord：了解如何注册下载Discord，什么是Discord，以及Midjourney的订阅方式。

·学习个人界面操作：熟悉Midjourney个人服务器界面的各类操作及命令，如何加入现有的常用绘图机器人，并学会调节各类命令和参数。

·运用Midjourney创作自己的第一幅图：学习如何基于Midjourney进行第一次创作，掌握完整的作图流程。

·了解绘图模型：了解常用的绘图机器人模型，了解其不同的特征、适用的作图场景，以及同一命令下不同绘图模型机器人及参数调控下画面的区别。

2.1 〉进入Midjourney

本节首先介绍如何通过Discord进入Midjourney操作界面。由于Midjourney运行在聊天软件Discord中并没有自己的客户端，因此在使用Midjourney之前需要下载Discord并注册账号。

2.1.1 什么是Discord

Discord是一个多功能的在线聊天和社交平台，旨在为用户提供实时通信和社区建设的工具。它最初发布于2015年，主要面向游戏玩家，但现在已成为广泛使用的社交平台，涵盖许多不同领域的用户群体。

Discord允许用户创建和管理名为服务器（Servers）的虚拟空间。每个服务器都是一个独立的社区（或者理解为"群组"），用户可以在其中进行文本、语音或视频通话，分享图片、视频或其他形式的文件。服务器由用户自主创建，可以设定为公开的或私有的，服务器中用户可以自主设置不同的频道（Channels），以便在特定的话题、兴趣或活动上进行讨论。Discord还具有社交功能，用户可以添加朋友，加入兴趣群组（Guilds），并与其他用户进行私密对话。

除了聊天功能和社交架构之外，Discord 平台最引人注目的部分还有蓬勃发展的机器人生态系统。Discord支持用户构建和调用机器人，用户可以将不同机器人部署在个人服务器中，要求机器人执行各种任务，例如自动执行任务、音乐播放、游戏积分追踪等，以增强服务器的功能和互动性。

Midjourney 正是搭载在 Discord 社区中的一个极受欢迎的服务器，而它的 AI 作图功能是由其中的机器人来实现的。用户可以通过 Discord 社区找到 Midjourney 服务器，学习 Midjourney 作图的相关教程、浏览其他用户的作品或者使用公共平台的服务器进行作图操作，也可以在创建个人服务器后，通过邀请 Midjourney 机器人（Bot）至个人服务器，直接在个人服务器中进行 AI 作图操作。

2.1.2 注册账号

Midjourney 目前支持网页作图和客户端作图两类方式，用户可以根据使用频率进行选择。

1. Discord 客户端形式

如果用户作图的使用频率较高，有更加深入的 Midjourney 作图需求。可以进入 Discord 官网，单击官网首页下方"下载"按钮，在目前所支持的"iOS""Android""Windows""Mac""Linux"等系统中选择一项适应自己系统的安装包进行下载操作。

下载 Discord 客户端后，单击"注册"按钮，在弹出的信息框中填写信息进行注册账号的操作，如图 2-1 所示。需要注意的是，在选择出生日期时，需符合Discord使用协议中的年龄要求，即必须年满 13 周岁。因为根据美国《儿童在线隐私保护法案》（COPPA）的要求，任何在线服务都必须严格遵守相关规定以确保儿童的隐私和安全等重要因素。COPPA 规定，未满 13 周岁的未成年人必须经过监护人同意方可注册其所在的平台，所以 Discord 严格执行不允许未满 13 周岁的儿童单独

图2-1 Discord注册账号界面

注册规则。

接下来，需要根据提示验证相关的邮箱和手机号，验证成功后还需要再进行至少两次的人机验证。完成后，我们就正式踏上 Discord 的旅程了。

2. Midjourney 网页形式

如果用户作图使用频率较低，也可以直接进入 Midjourney 官网：www.Midjourney.com，单击首页右下角 "sign in" 按钮进行注册账户操作，通过单击网页中的 "go to discord" 跳转至 Discord 网页作图界面，就可以打开 Midjourney 的神秘大门！

> 由于 Discord 在不同电脑 / 手机系统的界面配置是一致的，因此本书相关展示主要以 "Windows10" 电脑系统所下载的 Discord 客户端为例。

2.1.3 Discord界面介绍

进入 Discord 客户端后，会看到以下几个界面分区。

（1）服务器列表（Server List）。位于左侧面板，显示你所加入或创建的服务器。用户首次进入 Discord 时，可以通过单击 "指南针" 图标（即 "探索可发现的服务器"）搜寻服务器并加入，也可以创建属于个人的服务器，通过单击 "加号" 图标（即 "添加服务器"）亲自创建。

（2）服务器详情（Server Details）。服务器详情在选定的服务器上方显示，内容包括该服务器名称、图标和成员列表。用户可以在此查看服务器的基本信息并管理成员。

（3）频道列表（Channel List）。位于 "服务器列表" 的右侧，该列表显示所选的服务器中的不同频道。这些频道由该服务器管理员自定义设置，可以是文本频道（Text Channels）也可以是语音频道（Voice Channels）等。用户通过单击频道名称来切换该服务器中的不同频道进行互动。

（4）聊天窗口（Chat Window）。位于 "频道列表" 右侧，是 Discord 界面中占据画面比例最大的一部分，主要显示选定服务器或频道的聊天记录和消息。用户可以通过该界面下方的输入栏发送文本消息、表情符号或分享文件。该界面也是 Midjourney 作图交互操作的主要窗口。

（5）用户列表（User List）。位于 "聊天窗口" 右侧，显示当前频道中的在线成员和机器人 Bot 列表。用户可以查看谁正在频道中，并与其进行私密聊天。

（6）用户信息面板（User Info Panel）。在"用户列表"中，当你单击某个用户头像时，会显示该成员的详细信息，如昵称、角色、在线状态等。当单击机器人 Bot 时，则会显示该机器人 Bot 的介绍、身份组等信息，用户可以通过单击面板中的"添加至服务器"，将该机器人 Bot 邀请至个人服务器。

（7）个人操作栏（Bottom Action Bar）。位于 Discord 页面左下角，包含用户基本信息、"静音设置"及"个人设置"操作按钮。用户可以通过"个人设置"按钮进行，例如更改个人资料、更改密码、修改界面语言、登出等基础操作。

2.1.4 进入Midjourney社区

单击"服务器列表"中的"指南针"图标（探索可发现的服务器），在弹出的搜索框中输入Midjourney，并找到Midjourney服务器图标界面，单击，即进入Midjourney社区。

进入 Midjourney 社区后，可以发现在服务器界面左侧的"频道列表"中，展示众多频道内容。

（1）公告栏频道。包括公告（Announcements）、近期更改（Recent-changes）频道。在 Announcements 频道中，Midjourney 官方发布人 DavidH 会定期发布关于 Midjourney 版本更新迭代的重要事宜。Recent-changes 频道则是 Midjourney 的相关工作人员不定时发布近期作图功能上的更新详情。希望在第一时间掌握 Midjourney 版本更新事宜的用户，可以单击对应频道上方的"关注"按钮进行跟进。

（2）规则（Rules）频道。规则频道发布了 Midjourney 制定的属于本服务器的用户规则。Midjourney 是一个默认开放的社区，为了让平台能够对尽可能多的用户开放和友好，使用者发布的内容必须是 PG-13 级别的（适宜 13 周岁以上人群的）。规则中要求使用者不得在私人服务器、私人模式和与 Midjourney 机器人进行直接消息通信的图像中制作血腥、色情、可能激怒他人或引起冲突的图像。规则频道中也公布了 Midjourney 关于服务内容、隐私条款及社区指引的完整文档。

（3）新用户频道（Newcomer rooms）。Midjourney 社区为新用户开设了公共作图频道，皆以"newbies- 编号"命名，新用户可以单击任意可使用的频道直接进行共享作图操作。在该公共频道中，新用户作图的结果可以被其他用户看到。

（4）社区论坛（Community forums）频道。社区论坛频道是官方工作人员针对作图参数、使用教程、常见问题等进行专门问答的地方，使用者在遇到问题时可以首先在该频道通过搜索关键词寻找解答。

（5）聊天频道（Chat）。Midjourney 社区开设了多个文字和语音频道为用户提供交流平台。

（6）展示频道（Showcase）。在 Showcase 频道中用户可以展示自己生成的图片，其他用户可以对图片进行评价和学习。

2.1.5　作品集与画廊

Midjourney 为用户提供了作品的多种展示渠道与学习交流平台。除了前文提及的在 Discord 中的 Midjourney 社区内设有展示频道外，Midjourney 官网还设有用户的个人作品集与社区画廊平台。三者区别在于，展示频道由用户自愿选择生成图片进行展示和交流；个人作品集是由 Midjourney 官方记录用户的生图过程，进行强制的作品留存；社区画廊则由 Midjourney 官方展示社区用户制作的部分图像。用户可以通过以下方式进入个人作品集与社区画廊。

进入 Midjourney 官网后，进行账号登录，单击 Home 主页，可以找到往期个人账号内生成的所有图片（包括完整的提示词内容）。用户可以在 Home 主页中批量下载图片、复制提示词，快速保存以往生成的所有作品。同时，图片作品右下角的放大镜图标，可以帮助用户在社区中找到相似图片，学习同类型图片及提示词内容，帮助社区的使用者互相交流与学习。Midjourney 的个人主页不仅是存储图片的平台，同样也是个人作品集的展示界面，其他用户可以对你生成的图片进行评价、选择关注你并成为你的粉丝。

在 Home 主页下方，还设有优质画廊展示区（Explore）。该界面会定期展示社区使用者制作的优质图像。目前主要分为 Hot、Raising、New、Top 四类榜单，按照用户评价分别展示对应的优质图片，如图 2-2 所示。用户可以在该界面欣赏、学习不同类型的优质图片内容及提示词，或进入优质创作者的个人主页进行学习交流，成为他们的粉丝。

图2-2　Midjourney社区画廊榜单

总的来说，善用个人作品集与画廊可以帮助用户展示自我、拓宽眼界、开发脑洞，通过欣赏其他用户生成的优质图片了解 Midjourney 强大的作图能力。

2.2 个人界面详解

了解了 Discord 界面及 Midjourney 社区服务器后，本节将详细介绍如何在 Discord 中创建个人服务器空间，如何邀请 Midjourney 机器人加入个人服务器，并逐步了解个人服务器的各项基本设置。

2.2.1 创建个人服务器

为了更加便捷地使用 Midjourney 的各项绘图操作，并且在使用过程中不受其他使用者影响，我们可以创建个人服务器。

在 Discord 的"服务器列表"找到"加号"图标（即"添加服务器"）；单击后选择"亲自创建"；按照需求可以选择"仅供我和我的朋友使用"或者跳过该选项；接着为你的服务器自定义命名并添加图标，例如将新创建的个人服务器命名为"测试"，如图 2-3 所示。完成以上步骤后，我们就可以在"服务器列表"中找到创建的个人服务器了，单击进入，即完成了创建个人服务器操作。

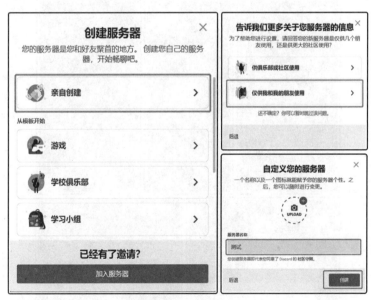

图2-3　创建个人服务器

 提示

一个 Discord 账号可以创建多个个人服务器。

2.2.2　如何邀请绘图机器人

创建个人服务器后，我们还需要将Midjourney的绘图机器人邀请至个人服务器中进行后续的作图工作。目前Midjourney中使用的主流绘图机器人除了Midjourney Bot外还有与Spellbrush合作的用于制作二次元风格绘画的Niji·journey Bot。在完成本节操作后，以上两大绘图机器人将出现在个人服务器的"用户列表"中。

由于将不同绘图机器人邀请至个人服务器的操作方式是一致的，下面我们主要以Niji·journey Bot为例进行演示。

第一步：进入Niji·journey社区。我们在"服务器列表"中单击"指南针"图标（即"探索可发现的服务器"），进入后在搜索引擎框内输入Nijijourney，找到Niji·journey社区图标，并单击进入。

第二步：邀请Niji·journey Bot。在Niji·journey社区界面右侧的用户列表中找到Niji·journey Bot，单击对应机器人图标，在弹出的用户信息面板中单击"添加至服务器"并选择对应名称的新建服务器，单击"授权"按钮，之后可能需要再进行人机验证，如图2-4所示。

图2-4　添加Niji·journey Bot机器人

第三步：确认添加至个人服务器。通过人机验证后，随即会弹出授权成功的窗口。打开所选择的个人服务器，在服务器的右侧面板检查 Niji·journey Bot 图标情况，确认绘图机器人已添加成功。

同样，Midjourney Bot 以及后续章节中的其他机器人也可以通过以上步骤添加至个人服务器中。

2.2.3 订阅服务与权益"/subscribe"

Midjourney 使用强大的图形处理器（Graphic Processing Unit，GPU，又称"显卡"）来处理每个提示词，用户通过购买订阅服务从而拥有作图作业的 GPU 运行时间，每次作图都会扣除相应的运行时间。订阅方式可以通过在个人服务器的聊天窗口底部输入并发送"/subscribe"后调取的专属订阅链接进入，如图 2-5 所示。除此之外，访问 Midjourney.com/account 或者在登录 Midjourney 网站后单击侧栏中的 Manage Sub 选项也可以进入订阅界面。

图2-5 发送订阅命令

Midjourney 共有四种订阅计划，包括基本计划、标准计划、专业计划以及超级计划，并支持按月付款或整年付款。每个订阅计划的订阅费用、快速生图时长、隐身模式、最大并发作业数等皆有所区别，如图 2-6 所示。其中，专业计划的订阅者可以通过在聊天界面输入 "/stealth" 或 "/public" 切换隐身模式。隐身模式可以防止图像在使用个人服务器或者 Midjourney 社区画廊中被其他用户看到。

	基本计划	标准计划	专业计划	超级计划
每月订阅费用	$10	$30	$60	$120
年度订阅费用	96 美元（8 美元/月）	288 美元（24 美元/月）	576 美元（48 美元/月）	1152 美元（96 美元/月）
快速的图形处理时间	3.3 小时/月	15 小时/月	30 小时/月	60 小时/月
放松 GPU 时间	-	无限	无限	无限
购买额外的 GPU 时间	4美元/小时	4美元/小时	4美元/小时	4美元/小时
在您的私信中单独工作	✓	✓	✓	✓
隐身模式	-	-	✓	✓
最大并发作业数	3 作业 10 作业 在队列中等待	3 作业 10 作业 在队列中等待	12 快速作业 3 轻松作业 10 队列中的作业	12 快速作业 3 轻松作业 10 队列中的作业
评价图像以赚取免费 GPU 时间	✓	✓	✓	✓
使用权限	一般商业条款*	一般商业条款*	一般商业条款*	一般商业条款*

• 如果您在任何时候订阅了，您可以自由地以任何您想要的方式使用您的图像。如果您是一家年总收入超过 1 000 000 美元的公司，则必须购买专业版或大型计划。有关完整详细信息，请参阅服务条款

图2-6　订阅计划对比

　　用户可以随时升级订阅计划。升级时，可以选择立即生效或在当前计费周期结束时生效。如果选择立即升级，将根据要升级的计划的使用情况按比例计算价格；降级则在当前结算周期结束时始终有效。

　　用户也可以随时取消订阅服务。取消在当前结算周期结束时生效，订阅权益（如访问社区库和批量下载工具）在当前结算周期结束前依然可用。当用户取消订阅时，以往生成的图像不会被删除。

　　选择合适的订阅计划后付款即完成订阅。目前官方仅接受 Stripe 支持的付款方式，例如 Master Card、VISA 或美国运通所发行的信用卡或借记卡。在某些地区，也可使用谷歌支付或 Apple Pay，但目前尚不支持 PayPal、电汇等类似支付方式。账户使用时长少于 20 分钟 GPU（包括在放松模式下使用的时长）的订阅者向官方提出退款。

2.2.4 查阅用户信息"/info"

订阅成功后，在个人服务器的聊天窗口输入"/info"并发送，可调取本账户的订阅信息详情。用户信息包括订阅计划名称（订阅计划到期时间）、可用模式、快速生图已用时长（计划时长）、生存期使用情况统计信息、放松模式生成的图片数量（时长）、排队或正在运行的作业数等信息，如表2-1所示。

表 2-1 info 用户信息解释

名称	中文名称	含义解释
Subscription	订阅项目	显示订阅计划的类型以及下一个续订日期
Job mode	作业模式	显示生图模式是快速模式还是轻松模式。轻松模式仅适用于标准计划及以上的订阅用户
Visibility mode	可见模式	显示是否处于公开或隐身模式。隐身模式仅适用于专业计划及以上的订阅用户
Fast time remaining	快速时间剩余	显示本月剩余的快速 GPU 时间。快速 GPU 时间每月重置，不结余至下月
Lifetime usage	账户生命周期使用情况	显示账户生命周期内的统计数据。图像包括所有类型的生成图像（初始图像网格、升频、变化、混合等）
Relaxed usage	Relaxed 使用情况	显示本月使用的放松模式情况。大量使用 Relaxed 的用户将会稍微降低排队速度，Relaxed 的使用量将每月重置
Queued jobs	待运行作业	列出所有待运行的作业，同时最多可以有 10 个排队作业
Running jobs	正在运行的作业	列出当前正在运行的所有作业，不同订阅计划，最多可同时运行的作业数量有所区别

👤 提示

　　用户可以在使用期间随时通过"/info"命令调出信息窗口查看剩余快速生图时长。如果在订阅计划期间用完快速生图时长，可在订阅页面上购买更多的时长，但订阅计划期间未用完的快速 GPU 时长不会结余至下月。

不同的订阅计划中，最明显的区别在于其快速生图模式的使用时长以及放松模式、极速模式的使用权益。三类生图模式的主要区别在于 GPU 生图的速度。

（1）放松模式（relax mode）。在此模式下，标准、专业和超级计划的订阅者每月可以创建无限数量的图像。放松模式不会花费任何 GPU 时间，但作业将被放入队列中而不是立即执行，直到系统有空闲。列队的等待时间是动态变化的，通常在 10 分钟以内。

（2）快速模式（fast mode）。当订阅用户在使用快速生图模式时，将会提高优先级去调用 GPU 进行作业。Midjourney 平均需要 1 分钟的 GPU 时间来生成图像。

（3）极速模式（turbo mode）。标准、专业和超级计划的订阅者如有迫切的图像生成需求，可以在聊天窗口输入"/turbo"命令进行调取，使用极速模式生图。"Turbo 模式"还处于试验阶段，它将使用高速 GPU 集群执行计算，此模式下运行的作业速度提高了 4 倍，但消耗的订阅 GPU 分钟数将是普通快速模式作业的 2 倍。需要注意的是，模式目前是一项试验性功能，可用性和价格可能随时更改，且仅适用于 Midjourney 中 V 5、V5.1 和 V5.2 版本。如果用户选择了极速模式，但 GPU 不可用或者与所选模型版本不兼容的话，则生图作业将默认改为在快速模式下运行。

订阅用户的每一次作图操作都将消耗 GPU 时长，但不同的作图操作命令，对 GPU 时长的损耗有所区别。使用非标准纵横比或较旧的 Midjourney 模型版本放大图像可能需要更多时间。变化图像或使用较低的质量值将花费更少的时间。作业的时间取决因素如表 2-2 所示。

表 2-2　作业时间影响因素

	+ 更短的时间	++ 平均时间	+++ 更高的时间
作业类型	变化	/imagine	放大
纵横比	默认值（正方形）	高或宽	
质量参数	--q 0.25 或 --q 0.5	默认值（--q 1）	--q 2（对于旧模型版本）
停止参数	--stop 10 - --stop 99	默认值（--stop 100）	

另外，符合使用条件的订阅者，在调取或切换快速模式、放松模式或极速模式这三类生图模式时，可以使用以下几种方式。

（1）在聊天窗口输入并发送"/relax""/fast"或"/turbo"命令。

（2）在提示词末尾输入"--relax""--fast"或"--turbo"参数。

（3）使用"/settings"命令，在设置菜单中选择 fast mode、relax mode 或 turbo mode。

2.2.5　熟悉基础设置"/settings"

使用"/settings"命令不仅可以切换作图速度模式，还可以对模型版本、风格化程度、变化模式等常见选项进行切换。在聊天窗口输入"/settings"，Midjourney Bot 与 niji·journey Bot 将分别弹出调取基础设置选项窗口。在 Midjourney Bot 的 settings 命令中主要有以下设置选项，如图 2-7 所示。

（1）模型版本（MJ version/Niji version）。基础设置中依次呈现 Midjourney Bot 从 V1 版本（图文显示"MJ version 1"）到目前最新的 V5.2 版本（图文显示"MJ version 5.2"）以及两大 Niji version 版本，后续更新版本也将在此命令中进行更新。用户可以默认选择使用最新版本作图，而关于版本对作图的影响及区别与特征将在后续章节单独演示。

（2）风格化程度（Stylize）。风格化是一种模拟真实艺术手法的创作方法，通过改变像素值和增加图像的对比度来生成绘画并模仿各种绘画风格。用户可以选择风格化程度的大小进行风格化程度的选择，包括低风格化（Stylize low）、中等风格化（Stylize Med）、高风格化（Stylize high）、极高风格化（Stylize very high）四种程度。

（3）公共模式（Public mode）。专业计划及以上的订阅用户可以通过切换公共模式选择是否在作图期间对其他用户隐身。

（4）重新混合模式（Remix mode）。打开"Remix mode"可以在作图操作期间对已生成的图像进行局部调整与修改，具体方法和示例会在后续章节进行详细讲述。

（5）变体模式（Variation mode）。变体模式有高、低两档可以进行切换，其作用是在对指定网格图像生成多样化的同类图像时，新图像与原图像在整体风格、主体内容上存在的差异程度。差异程度高意味着生成的新图像和原图更不相似。

（6）速度模式（Relax/Fast/Turbo mode）。速度模式有放松、快速、极速模式三类可选，该选项直接影响生图速度。

（7）重置（Reset settings）。将设置进行重置，恢复为默认选项。

图2-7　Midjourney Bot settings默认设置

2.2.6 官方问答入口"/ask"

在个人服务器中使用 Midjourney 进行作图操作时，如遇到相关问题，可以在聊天窗口输入"/ask"命令，使用英文输入相关问题或关键词，会快速获取相关问题的解答或得到进入社区问答的快捷入口，"/ask"命令为新手用户的答疑解惑提供了非常便利的渠道。

这里给出一个提问的例子。假设我们希望绘画一群人物在一幅画框中的图像，但不知道如何描述提示词。这时，我们可以通过"/ask"命令输入"How to get a group of people?"（也可以借助翻译软件获取恰当的英文提问！）。发送后，系统将返回对应的对话框。单击对话框内的问答链接将进入社区，然后就可以查看对应问题的官方解答，如图 2-8 所示。

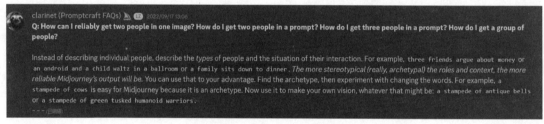

图2-8 "/ask"问答示例

由于官方解答中建议我们不要去描述单个人，而是描述任务类型和互动关系，因此可以参考这些例子："三个好朋友正在为钱争吵"（"three friends argue about money"）、"机器人和一个孩子在舞厅里跳华尔兹"（"an android and a child waltz in a ballroom"）或"一家人正坐着吃晚饭"（"a family sits down to dinner"）等。

用户输入的提示词角色和场景内容越典型和常见，出图的可靠性就越高。我们可以利用这一特点来发挥自己的优势——找到一个常见的描述原型，然后尝试更改单词，创作全新的画面场景。

2.3 〉 拥有你的第一幅AI作品

通过 2.2 节的介绍，相信你已经对 Midjourney 的相关内容有了初步的了解。你是否已经创建了个人服务器，并将绘图机器人邀请至你的服务器？本节将手把手教你创作你的第一幅 AI 绘画作品。

2.3.1 输入绘图密钥"/imagine"

如果说 Midjourney 是一座宝藏，那么"/imagine"命令对于使用者来说就是打开宝藏大门的钥匙！在个人服务器的聊天窗口输入"/imagine"并选择 Midjourney Bot，就可以进入输入"咒语"的环节，如图 2-9 所示。

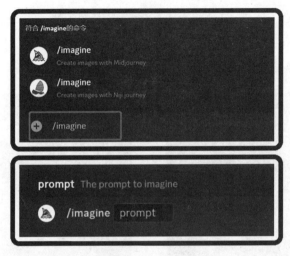

图2-9 调取"/imagine"命令

2.3.2 填写提示词

所谓"咒语"指的是提示词（Prompt），Midjourney 通过解读输入的提示词来进行作图。以 2.2 节中官方解答的提示为例，假设我们希望生成一群人的图画，可以将提示词进行典型化与个性化的扩写，例如"三个好朋友正在客厅跳街舞"。由于 Midjourney 的交互需使用英文，因此需要将提示词翻译为英文"Three good friends are doing street dancing in the living room"，并将英文提示词输入"Prompt"后的文本框中，进行发送，如图 2-10 所示。

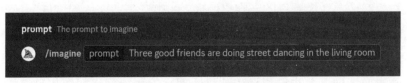

图2-10 输入英文提示词

2.3.3　U&V&循环按钮

等待一段时间后，系统将生成一张由4张图片拼成的网格图像，图像上方对应着输入提示词的完整内容；图片下方则出现"U1~4""V1~4"以及一个循环按钮。其中，图片下方的数字与上方网格内图片的对应关系如图2-11所示。

（1）"循环"按钮代表Remaster（重新生成），指的是按照原提示词及参数再次生成一组新的网格图像。例如，我们对首次生成的网格图像不满意，可以单击"单循环"按钮，等待Midjourney Bot重新生成，如图2-12所示。理论上，用户可以重复无限次单击"循环"按钮，反复重新作图，但注意这会消耗GPU时间。

图2-11　首次生成网格图像　　　　图2-12　重新生成网络图像

（2）V代表Variation（变体），指的是对所选图像进行变化，创建变体会生成与所选图像的整体风格和构图相似的新图像网格。例如，我们对重新生成的图像中的第三张比较满意，希望保留图像整体色彩风格，但对画面主体有更优质的期待，可以单击"V3"按钮进行变体操作。"/settings"命令中选择变体的程度大小将关联到新创建的变体图像与原图像的差异程度。如果选择"变体程度高"，单击"V3"按钮后，Midjourney Bot将生成一张与原图像有较大差异的新网格图像；如果选择"变体程度低"，同样的变体操作后，将生成一张与原图像仅有细微差异的新网格图像，如图2-13所示。

（3）U代表Upscale（放大），指的是对对应图像进行放大。这步操作可以增加图像的分辨率，同时对图像细节进行平滑和细化处理，但初始网格图像和最终放大结果之间可能会有一些微小变化。例如，我们选择图2.13中右侧网格图像的第1张，并希望将它放大，则可以单击该网格图像下方的"U1"，等待 Midjourney Bot 进行放大处理，生成图像如图 2-14 所示。

图2-13 V3变体生成新图像

图2-14 "U1"升频放大图像

2.3.4 保存图片

Midjourney 可以对生成的图片保存至本地。单击生成的图像后，单击鼠标右键选择复制图像或保存图像，一般图像将以 png 格式进行保存，也可以通过打开网页链接进行保存图片。同时生成的图像也将自动存储在 Midjourney 的个人主页网站中，可以随时进行批量下载操作，至此，我们使用 Midjourney 完成了第一次图像创作！

2.3.5 图片评价

对已生成的图片还可以进行打分评价，通过在图片上单击鼠标右键，选择"添加反应"，选择积极的emoji符号，同时也可以通过单击"查看反应"来查看其他用户对本次生成图像的评价。图片如果被用户大量积极评价，将有机会在Midjourney官网的画廊平台进行展出！

> **提示**
>
> 除此之外，用户可以通过Midjourney画廊主页网站对所呈现的图像进行排名，排名基于个人喜好，因此评价时可根据外观、努力、颜色、概念或主题选择喜欢的图像。积极对图像进行评价的用户有机会获得免费的快速GPU小时。

2.4 常用绘图模型介绍

本小节将对Discord中常用的绘图模型进行介绍与对比，并解答以下问题：Midjourney中的模型版本迭代众多，它们之间有何区别？ Niji·journey中的几类模型版本有何特征？除了Midjourney以外，Discord中还有哪些常用的绘图模型？各类绘图机器人在绘图中分别有哪些优势？

2.4.1 Midjourney模型的历次迭代

在个人服务器的聊天窗口中输入"/settings"命令，我们会发现目前Midjourney Bot中的版本从"MJ version 1"至"MJ version 5.2"进行了多轮的迭代更新。不同的模型擅长不同类型的图像。接下来，我们将分别介绍各个版本模型的特点，使用相同的提示词与参数（"a painting of a potted plant and table, in the style of dark pink and dark orange, watercolorist, dark orange and light green, bengal school of art, kodak 100, violet and green, edo art --ar 4:3"，意思是"一幅盆栽植物和桌子的画，以深粉色和深橙色的风格，水彩画家，深橙色和浅绿色，孟加拉工艺美术学院，柯达100，紫罗兰和绿色，江户艺术"），分别用不同版本模型生成图片，直观地展示各版本的出图效果差异。

（1）旧版模型Midjourney Version 1 ~ 3。"Midjourney Bot"第1版到第3版属

于旧版模型，三个版本普遍存在图像风格抽象、画面内容元素较少、图像连贯性较低的情况。不过使用相同提示词在 V1、V2、V3 模型下生成的花盆图像，从 V1 到 V3 在绘画精致度上会逐渐有所提升，如表 2-3 所示。

（2）Midjourney Version 4。Version 4 是 Midjourney 在 2022 年 11 月至 2023 年 3 月使用的默认版本。该版本模型使用了 Midjourney 设计的全新代码库和全新的 AI 架构，并在新的 Midjourney AI 集群上进行训练。与以往的三版旧模型相比，V4 模型增强了对生物、场景和物体的生成效果，并具有非常高的一致性，在图像提示方面表现出色，如表 2-3 所示。

表 2-3 Midjourney V1 ～ V4 作图对比

模型版本	Version 1	Version 2	Version 3	Version 4
生成图片				
特征	非常抽象、绘画连贯性低	更具创意、绘画风格更加丰富、连贯性低	极具创意的作品、连贯性中等	较高的连贯性、画面细节更加丰富

（3）Midjourney Version 5。Version 5 是 Midjourney 于 2023 年 3 月发布的新版本模型，它是 Midjourney 在 AI 集群上训练发布的第二版模型，使用了与以往相比明显不同的神经结构和新的美学技术，擅长生成更加逼真以及更多摄影风格的图像，如表 2-4 所示。相比于 V3 与 V4，V5 显著降低了对特定类别和风格的"偏见"（或者说作图倾向），可以提供更广泛、多样性的输出，图像内容更加详细。该模型对输入的提示词非常敏感，需要用户撰写更长的、更明确的文字来描述图像场景。除此之外，从 V5 模型开始，无缝平铺、图像比例、图像权重等功能参数也逐步释放给了用户。

（4）Midjourney Version 5.1。Version 5.1 是 Midjourney 于 2023 年 5 月发布的默认版本模型。V5.1 模型比早期版本具有更强的默认美感，使其更易于与简单的文本提示一起使用。此外，它还集成了 V5 模型对长提示词进行的"无偏见"作图的优点，从而衍生出 style raw（原始风格）选项。当 V5.1 结合"raw 模式"时，所生成的图像更贴近文字描述，还原其原始风格，如表 2-4 所示。V5.1 模型与以往模型相比，具有更高的一致性，并更加擅长准确地解释自然语言的提示。此外，V5.1 模型在图像清晰度方面也有所提升，能够产生更少的不必要的伪影和边框。

表 2-4　Midjourney V5 ～ V5.2 作图对比

模型版本	Version 5	Default Version 5.1	Style raw Version 5.1	Default Version 5.2
生成图片				
特征	更加逼真的图像、图像内容更具细节	更强的默认美感、图像细节与精致度极大程度增强	更加贴近提示词、图像风格独特	更优质的构图与对比度，极致的画面美感与细节精致度

（5）Midjourney Version 5.2。2023 年 5 月，Midjourney 在 5.1 版本之后又接连发布了 5.2 版本，此版本模型对提示词的理解力进一步增强，并可以产生更详细、更清晰的图像结果，具有更好的色彩表现力、对比度和构图，如表 2-4 所示。

 提示

5.2 版本中还新开发了 "/shorten"（缩短提示词）、"zoom out"（缩小拓展图像）与 "pan"（平移拓展图像）三大新功能，这部分功能，我们将在后续章节中进行演示。

2.4.2　超强二次元模型Niji·journey

Niji·journey 是 Midjourney 与 Spellbrush 共同设计开发的新模型，旨在制作动漫和插图风格的图像。该系列模型对动漫、动漫风格和动漫美学有更多的了解并且更加擅长生成动态镜头的图像，该模型生成的图像通常以角色为中心进行构图，且对风格化参数较敏感。

在个人服务器的聊天窗口输入 "/settings" 命令并选择调取 "Niji·journey Bot"，我们可以看到，Niji·journey 目前主要拥有 Niji 4 与 Niji 5 两大模型版本。在 Niji 5 中还设有五大模型风格参数用来切换，以实现独特的图像外观。同样，我们依然使用相同的提示词（"A girl with short pink hair, wearing braces and pants, running in the busy streets --ar 3:2"），来展示不同版本模型及参数的出图特征。

Niji 4 是在 "Midjourney Version 4" 推出后，针对生成动画风格的图像开发的旧版模型工具。它不是一个升级版本，而是经过特殊风格趋向的训练。Niji 4 在图像生成时趋向传统的二次元风格，但具有一些明显的不足，如画面要素较简单、光影细节较少、画面的一致性与连贯性较差等，如表 2-5 所示。

表 2-5　Niji·journey 旧模型作图对比

模型版本	Niji Version 4	Niji Version 5-original style
生成图片		
特征	传统二次元风格，人物造型及背景元素较简单	图像一致性与内容精致度较好，二次元风格类型有限

Niji 5 是在 Niji 4 模型的基础上为情感化、戏剧化、艺术化的插图进行了优化。Niji 5 经历两次优化迭代，依次推出了 "Style original" "Default" 两版默认模型，并基于美学风格需求，推出了 "Style expressive" "Style cute" "Style scenic" 三款风格模型版本，下面我们将分别介绍它们的特点。

（1）Style original。"Style original" 是 Niji 5 的旧版默认模型，相比于 Niji 4 模型，其在画面的一致性、画面细节、背景元素的丰富度上取得了重大的进步。它在塑造人物情感与戏剧性方面更具生动性，画面美学风格建立在开发者所设置的特定二次元图像风格之中，在画面连贯性上（如人物眼部、手部、脚部细节方面）依然有瑕疵，如表 2-5 所示。

（2）Default。新版的 Niji 5 的默认模型 "Default" 是官方基于对原本的默认模型（目前的 "style original"）用户群的审美偏好及统计数据进行观察后优化的新模型，是更加符合二次元作图用户审美和使用习惯的模型。"Default" 模型在情绪、场景戏剧性和美术效果方面都进行了优化，甚至可以仅通过一个极简短的提示词，生成充满戏剧性和美感的艺术佳作。

"Default" 模型的优化灵感来自视觉设计的基本因素，开发者将艺术作品中的隐性规则进行提取，并应用于模型的绘画之中，使得"Default"模型在明暗交界线的强化、光影形态的统一、关键细节的准确性、图像的连贯性（尤其指手部细节）等方面具有显著提升，如表 2-6 所示。

表 2-6　Niji·journey 5 各类风格模型作图对比

参数名称	生成图片	特征
default		强化的明暗界线 统一的阴影 / 光线形态 准确的关键细节 图像的连贯性
style expressive		"写实"的眼睛款式 次表面散射增加皮肤肌理与美感 表现物体不受光线影响 色度更为饱和
style cute		非常可爱的脸部特色 精密的平面着色手法 大块空白来凸显构图 精美的细节设计
style scenic		default 的面部造型 style expressive 的三维光线模式 style cute 的图片造型

（3）Style expressive。"Style expressive"模型与"Default"模型相比，在人物外观的刻画上更加成熟，更符合西方审美风格。"Style expressive"模型能够呈现很多不同的风格，适合就同一个理念做出不同的图像表达。在同一提示词上，它也擅长将明暗关系、颜色和场景的整体"感觉"保持了超高的一致性，并且只作用于风格本身。开发者在"Style expressive"模型中还应用了三维渲染的制图原理，使得"Style expressive"

的作图具有较强的层次感，例如在人物眼睛的刻画上更具写实风格，利用此表面散射原理增加了皮肤的肌理与美感，采用精准的环境光遮蔽技术来营造更生动的效果，设置高色度使画面更加温暖，如表2-6所示。

（4）Style cute。长期以来，Niji·journey往往追求酷炫的戏剧视觉效果。然而"Style cute"模型则是一次大胆的尝试。"Style cute"模型在图像生成时既保持图像各部分的一致性，又去掉了烦冗渲染成分，使得图像表面看起来"更简单"，实现一种"大美至简"的效果。

"Style cute"模型的审美擅长创作一种更有魅力、更富有治愈力的图像风格，这个新风格的灵感，来自静态设计和装饰性图形设计。例如，在"Style cute"模型中人物面部特色更加可爱，弱化光线的应用，采用精密的平面着色手法，采用大块空白填充负空间，并突出图形细节的精美度，如表2-6所示。

（5）Style scenic。"Style scenic"模型风格不拘泥于传统美学要素准则，并集"Default""Style expressive""Style cute"三种模型风格中最受大众欢迎的特色于一身。它不仅擅长创造优美且内容丰富背景，还能将不同角色融入场景中，在奇幻环境的背景下创造丰富而强大的角色时刻。因此与其他模型风格相比，"Style scenic"把画面的人物主体放得更大，面部更偏向于侧视图以保障轮廓突出，区别于其他背景元素。"Style scenic"具有电影感的叙事美学风格，擅长在优美的电影镜头中尝试使用景观纵横比例，如表2-6所示。

2.4.3　超强换脸模型Insight Face Swap

虽然Midjourney强大的作图能力可以生成丰富的人物造型图片，但除了知名人物外，生成的人脸普遍存在较大的随机性，用户往往无法通过仅文字或图片提示生成专属的人脸照片。基于此，我们可以通过超强的换脸模型Insight Face Swap来实现。

Insight Face Swap是一种面部交换技术，它基于AI图像处理技术，通过分析和重建人类面部特征，将两个人的脸部特征进行交换，从而创造更加贴切的视觉效果。Insight Face Swap模型在Discord社区中可用，用户可以通过部署机器人至个人服务器来调用它。

Insight Face Swap的工作步骤和原理简述如下。

（1）面部检测，算法会识别人类面部的关键点和轮廓。

（2）特征提取，提取包括面部轮廓、眼睛、鼻子、嘴巴等特征部位。

（3）特征匹配，将两个不同人的面部特征进行匹配，以便进行准确地替换。

（4）面部重建，将第二个人的面部特征（如眼睛、鼻子和嘴巴等）应用于第一张人脸。

（5）渲染和融合，系统会将重建的人脸进行渲染和融合，使合成图像更加自然。

需要注意的是，Insight Swap Face 技术仅用于艺术和娱乐，不能应用于欺骗、侵犯隐私或其他不道德的行为。此外，面部交换技术在某些情况下的表现可能不佳，例如不同光照条件下的人脸、处于遮挡或旋转状态的人脸等。

2.4.4　常用模型优势与适合场景

不同的模型及其历代版本或风格模式具有不同的特征与优势，如表2-7所示。掌握各类常用作图模型的特征可以帮助我们在未来进行作图时更加得心应手，例如选择更加契合的模型，减少试错的时间与精力。

在 Midjourney Bot 的相关模型中，迭代后的模型在风格的丰富度、画面的连贯性和细节的精致度方面与前期模型相比更优质。但这并不意味着旧版模型毫无优势：新版模型在生成图像时往往追求精致复杂的细节，而无法产出简约、具有抽象效果的图像，当用户希望减少画面细节层次时，依次尝试使用迭代前的旧版模型也许能得到更符合作图需求的图像。

表 2-7　各类常用模型优势与适用场景

模型机器人	版本	风格模式	优势	适用场景
Midjourney Bot	V1 ～ V3	—	色彩饱和度较高，画面内容抽象	适用于抽象艺术创作
	V4	—	画面内容具有连贯性，并保持简约风格	适用于要求画面元素较少的作图需求
	V5	—	擅长摄影风格的图像	适用于多样的摄影需求
	V5.1	—	优质的图像细节与连贯性，Midjourney 默认美学	普遍适用于非二次元风格的其他创作需求
		Style raw	对提示词更具敏感性，了解	适用于对图像风格有独特性要求创作
	V5.2	—	强大的拓展图像功能，不限制图像纵横比	适用于特殊纵横比的创作
Niji · journey Bot	Niji 4	—	传统二次元风格，画面内容抽象	—
	Niji 5	Style original 原始风格	偏向传统的二次元风格，更具扁平化特征，偏向 2D 风格	适用于传统日漫及普通插画等绘画需求

续表

模型机器人	版本	风格模式	优势	适用场景
Niji · journey Bot	Niji 5	Default 默认风格	默认二次元风格，光影处理统一生动，细节优质，偏向 2.5D 风格	适用于普遍需求下的二次元画风，是表现风与可爱风的折中。可用于日漫、国风等绘画需求
		Style expressive 表现风格	人物表现力更强，风格偏向成熟的西方美术效果，整体色相饱和度较高，偏向 3D 风格	适用于突出人物主体动态与表情的作图要求。适用于 3D 建模、美式、韩式漫画等风格
		Style cute 可爱风格	可爱治愈的二次元日系画风，细节丰富精美，人物多呈现为 Q 版，偏向 2D 风格	适用于简单二次元场景的绘图需求。适用于绘本、插画、表情包、贴纸等手绘风格
		Style scenic 场景风格	在场景的塑造上更具优势，人物与场景能够达到很好的平衡，画面细节更加丰富	适用于电影感的环境场景细节刻画
Insight Face Swap	—	—	超强换脸模型，捕捉人脸特征，对特定人脸的制作具有优势，图像逼真协调	适用于模特换装、虚拟写真等（不得侵权）

2.5 本章小结

本章我们介绍了 Discord 及 Midjourney 社区服务器的相关内容，演示了常见的作图模型及其多样的风格特征，也和大家一起使用 Midjourney 创作了第一幅 AI 作品！"纸上得来终觉浅，绝知此事要躬行"希望大家能够善于使用公共社区的交流平台，并尽可能尝试用不同的绘图模型创作图像，在实践中进一步感受 AI 作图的魅力！

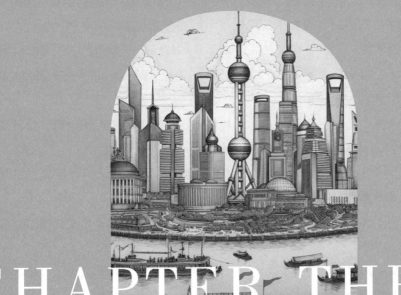

CHAPTER THREE

第 3 章

Midjourney 基础操作

...

文生图是 Midjourney 中最基础、最实用的功能。在第 2 章我们已经通过第一次作图操作初步体验了 Midjourney 文生图的基本步骤，即通过英文提示词（文字描述）生成图片。与 AI 交互的过程中，让 AI 准确理解提示词（即 Prompt）是非常重要的，因为提示词的质量影响着生成图片的质量，仅凭借简单的提示词往往无法生成所需要的图片。如果想生成更加准确、惊艳的图片，还需要深入学习如何撰写提示词，了解提示词中的后缀参数，以及更加高效的提示功能等。本章将带领大家逐个学习和领略提示词背后的奥秘！

本章主要涉及的知识点有：

·学习撰写提示词：了解提示词的组成要素，了解如何撰写有效提示词，了解需要避免出现的无效提示词，以及处理提示词报错的方式。

·了解提示词后缀参数：熟悉各项参数词的内容与作用，通过演示与对比，了解不同参数词数据对生成图像的影响，并学会灵活使用各类参数。

·掌握高级提示方法：介绍几种 Midjourney 的高级提示方式，通过案例学习掌握多样提示方法。

·了解拓展图像方法：介绍"Zoom out"以及"Pan"两类图像拓展方式，通过案例学习借助图像拓展保持角色一致性的操作方法。

3.1 > 如何让AI听懂你的提示词

在本节，我们将深入探讨提示词的各个组成部分，揭示人们在撰写提示词时的几种常见误区，同时强调撰写高质量提示词的关键策略和技巧。通过这些内容，我们可以更好地理解和运用提示词，从而提高 AI 对提示词的理解和出图质量。

3.1.1 Midjourney咒语的组成部分

提示词（Prompt）是用于引导 AI 模型生成特定类型回复或完成特定任务的文本或指令。在使用 AI 绘图模型生成图像时，我们可以通过提供明确的提示词来指导模型生成与该提示词相关的图像内容。在 Midjourney 中，一套完整的提示词主要包括"指令""图片提示""文本提示词""后缀参数"四个部分，如图 3-1 所示。

（1）指令。在输入栏输入指令，相当于下达某项命令。例如，输入"/imagine"命令意味着调动 Midjourney 机器人来执行图像绘制命令，输入"/info"命令意味着需要查阅个人账户信息。

图3-1　Midjourney"咒语"的组成部分

（2）图片提示。图片提示或文字提示都是Midjourney生图提示的构成部分。图片提示不是生图操作的必要内容，但合理地使用图片提示能够帮助Midjourney机器人在生图时更加了解用户所需要的图片风格，生成更准确的图像。如果提示词中同时出现图片提示和文字提示，应将图片提示放置在文字提示之前（图生图相关操作将在第4章介绍）。

（3）文字提示词。通过文字描述生成画面的具体内容，从而让Midjourney生成对应图像。例如，当要求生成关于大熊猫的图像时，可以撰写提示词"A lovely giant panda is eating bamboo"（一只可爱的大熊猫正在吃竹子）。绘图机器人将根据这个提示词生成与大熊猫相关的图像。

（4）后缀参数。在Midjourney中，后缀参数用于指定一些额外的选项或标识，以控制图像生成的细节和行为。例如，可以通过调整后缀参数来调节图像的大小和比例、选择所需的模型版本、添加风格化效果等，实现一些特殊效果或功能。常用的作图后缀参数有"--ar""--c""--q"等。

3.1.2　提示词的特性

提示词的设计对于实现预期的图像效果至关重要。精心设计的提示词可以帮助模型更好地理解任务要求，生成更准确的图像。总体来说，我们所撰写的提示词应具备以下特征。

（1）引导性。在AI绘画模型中，提示词应发挥引导作用，通过一段文字告诉模型应该生成什么样的回复或完成什么样的任务，即生成什么样的图像。

（2）明确性。提示词应清晰地传达出期望模型输出的内容。它应明确指示模型应该提供什么信息或完成什么任务。

（3）具体性。使用明确而具体的提示词有助于模型生成更准确的图像回复。我们应避免使用模糊或不明确的指令，以确保模型正确理解任务并生成合适的回应。

（4）可扩展性。提示词应具备可扩展性，能够适应不同的场景和任务。通过改变或添加提示词的内容，我们可以引导模型生成不同类型的回复或完成不同的任务。

（5）可迭代性。在与模型交互时，我们可以根据模型的回应调整或迭代提示词。如果模型未能正确理解或回应，我们可以修改提示词的内容，使其更具指导性，以获得更好的结果。

3.1.3　提示词撰写的五大误区

新手在使用 Midjourney 生成图像时，通常会将所需的图像描述使用自然语言输出，并通过翻译软件将其翻译成英文后直接应用于提示词中，如表 3-1 所示。尽管 Midjourney 能够在用户仅提供简短提示词的情况下生成令人惊叹的图像，但当用户需要使用 Midjourney 完成特定设计任务或获得特定效果并进行细致的局部调整时，直接使用描述词可能难以达到预期效果。因此，需要优化提示词，撰写更加合格的提示词。

要了解如何撰写合格的提示词，首先需要了解什么样的提示词是不够好的。通过自然语言描述并直接翻译的英文提示词往往存在以下几大误区。

表 3-1　提示词举例

中文描述	一只穿着盔甲的狗威风地走在街上，它手里拿着剑，头上戴着头盔，它的毛发飘逸在风中，露出自信的表情，3D艺术，三维，高精度，超细节，4K，超现实
英文翻译	A dog in armor walks down the street with a sword in its hand, a helmet on its head, its hair flowing in the wind, a confident expression, 3D art, 3D, high precision, super detail, 4K, HD realistic
图像生成	

（1）使用复杂的语法结构。Midjourney 无法像人类一样理解传统的语法或句子结构，它只是将提示词中的单词和短语分解成更小的片段（即"tokens"），然后与训练数据比较，最终用于生成图像。在表 3-1 的例子中，翻译后的"A dog in armor walks down the street with a sword in its hand"，使用了复杂的语法结构衔接句子，这会对

Midjourney 的理解造成困难，导致生成不符合预期的图像。因此，在撰写提示词时，应避免直接使用翻译软件生成的句子内容，而应优化其中复杂的语法结构。

（2）使用大量介词。在英文中，如 at、of、with、to、in、by、through 等介词常被用来连接句子结构，但它们对于 Midjourney 生成图像来说是不可靠的。为了使语言表述更加清晰简洁，我们可以使用"动词 + 名词"或"形容词 + 名词"的方式替代。以表 3-1 为例，"a helmet on its head"（头上戴着头盔）可换为"wearing a helmet"，"hair flowing in the wind"（飘逸的毛发）可换为"flowing hair"。减少介词的使用可以使句子结构更加具体明确，并更容易被 Midjourney 理解和处理。

（3）使用大量同义词。在提示词撰写中，越靠前的提示词对图片生成的权重越大，且更少的提示词意味每个词的影响力也相对更大。同类意思的短语重复出现并不会影响该提示词对图片的影响力，同质化的关键词一般会被 Midjourney 无视，将权重设为 0。因此，如果你认为某个词汇的表述非常重要，可以通过前置其在提示词中的位置来强调，而不必重复使用同类。例如，在上述例子中，"high precision""upper detail""4K""HD realistic"四个词都同样表示对生成图片高精度的需求，因此可以将重复的词汇去除，仅保留一个即可。

（4）使用非常模糊的描述词。虽然使用笼统的提示词是获得图像多样性的好方法，但有些词汇可能存在多种含义或定义不准确。如果我们在撰写提示词时使用了这些模糊或不明确的词汇，那么也可能导致 Midjourney 的理解出现偏差。此外，任何未在提示词内提及的内容，也可能会在生成图像时随机体现，导致生图结果与预期细节不符。因此，在许多情况下，更具体的词汇描述对 Midjourney 的生图效果会更好。例如，在表 3-1 所示的例子中，主体对象仅用"a dog"来描述，表达相对模糊，可能导致 Midjourney 生成的小狗外形奇怪。为了控制生图内容的指向性和效果，我们可以将"a dog"修改为"a little Siberian Husky"（一只小哈士奇），使其描述主体更加具体化。

（5）提示词过于冗长。更具描述性的提示更有利于创作出独特图片内容，但过于冗长的提示词会让重要描述词的权重降低，影响出图的有效性。Midjourney V5 模型之后的版本，其提示词的权重有效词数为 80，超过 80 个词以外的提示词对图片生成的影响权重几乎为 0。因此，我们应当专注于描述想要创作的画面主要内容，避免冗余描述词的出现。

根据以上内容，我们可以将表 3-1 的语句内容优化，并生成新的图像，如表 3-2 所示。

表 3-2　提示词优化

优化前	a dog in armor walks down the street with a sword in its hand, a helmet on its head, its hair flowing in the wind, a confident expression, 3D art, 3D, high precision, super detail, 4K, HD realistic	
优化后	a little Siberian Husky,wearing armor and helmet, holding a sword,walks down the street,flowing hair,a confident expression, 3D art,super detail	

提示

　　在日常作图过程中，即使使用具有以上问题的提示词也能够随机达到生图目的，本节仅提供一种学习撰写规范提示词的方式方法。

3.1.4　提示词的万能公式

　　在文生图的创作过程中，优质提示词的撰写除了尽可能避免以上误区，还应当具有清晰的结构。Midjourney 官方提供了一套帮助撰写结构清晰的文字提示词的公式模板，包含"主体""环境""构图与风格"三大部分。

　　其中，"主体"主要描述图片主题及描述性细节，如人物、地点、外貌、正在做什么以及相关特征等；"环境"主要包括画面场景、背景、氛围、灯光、细节等内容；"构图与风格"主要描述图像的镜头视觉方式、画面风格类型、艺术家等相关关键词。

　　例如，以表 3-2 中优化后的提示词为例，我们可以按照这一公式模板继续将提示词的内容及顺序优化"a little Siberian Husky, wearing armor and helmet, holding a sword, flowing hair,walking in the middle of the street, confident expression, the background is the city street, flanked by cheering masses, creating a lively atmosphere, Disney Pixar style, 3D art, panorama, harmonious colors, super detail"（一只小哈士奇，穿戴着盔甲和头盔，手持一把剑，头发飘逸在空中，走在街道中间，自信的表情，背景是城市街道，两侧是欢呼的群众，营造出活泼的氛围，迪士尼皮克斯风格，3D 艺术，全景，和谐的色彩，超细节），如图 3-2 所示。

图3-2　提示词万能公式举例

　　此外，在撰写提示词时，也应尽量将其他相关的重要的背景或细节描述清楚，这里提供一些常见的描述词类型及词汇。

- 主题：人、动物、人物、地点、物体等。
- 人物部位：脸部特写、头部以上、半身、全身、侧脸、正脸等。
- 材质媒介：照片、绘画、插图、雕塑、涂鸦、挂毯等。
- 场景环境：室内、室外、月球、水下、森林、城市、废墟等。
- 灯光照明：漫射光、自然光、摄影棚灯光、霓虹灯、体积光等。
- 色彩色调：鲜艳、高饱和、明亮、单色、多彩、黑白、柔和等。
- 表情情绪：沉稳、平静、喧闹、精力充沛等。
- 视角构图：肖像、特写、鸟瞰、顶视、俯视、广角等。
- 摄影相机：特写、拍立得、微距摄影、全身视角、运动相机、鱼眼相机、顶视图、肖像、正视图、第一人称视角、俯拍等。

○ 细节精度：高细节、高分辨率、高清、高品质、高精度、8K、超现实等。

○ 艺术风格：赛博朋克、浮世绘风格、中国画风格、像素艺术、二次元风格、蒸汽朋克、迪士尼风格、插画风格等。

○ 艺术家：达·芬奇、莫奈、凡·高、安藤忠雄、宫崎骏等。

3.2 Prompt后缀参数的魔力

参数是添加到提示词末尾的用于控制图像生成的细节或行为的选项，一般以"双连字符'--'+参数名词缩写+空格+参数数值"组成。不同的参数具有不同的作用，例如可以更改图像的纵横比、修改出图差异化、改变风格化等。在每段提示词中，可以添加多个参数，一般来说，参数位置越靠后，其参数影响生图的优先级越高。如果输入多个同类型的参数，那么后置的参数会覆盖前面的参数。

3.2.1 调节图片比例"--ar"

在使用 Midjourney 作图时，如果不填写比例参数，则会默认生成一张比例为 1：1 的网格图像。当我们需要控制生图比例时，可以在提示词末尾输入参数"--ar X:Y"或"--aspect X:Y"，甚至"--h X --w Y"（"X""Y"代表数值），来控制生成不同纵横比的图像。其中，"--ar"是帮助调节出图纵横比的后缀参数中最简洁也是最常用的参数书写方式。

在生图时，我们可以手动输入常见的比例参数，也可以参考以下推荐比例参数：人像比例推荐使用"--ar 2:3""--ar 3:4""--ar 4:6""--ar 5:7""--ar 9:16"；景观图像推荐使用"--ar 3:2""--ar 4:3""--ar 6:4""--ar 7:5""--ar 16:9"，如图 3-3 所示。

图3-3　调节图像比例

3.2.2 控制出图的差异化 "--chaos"

chaos 参数，也称为"混乱值"，该参数可以控制影响初始网格图像生成结果的差异程度，其数值选择范围为 0 ～ 100。在不设置"chaos"参数的情况下，出图的 chaos 默认值为 0。当"chaos"参数数值越低，生成的网格图像在风格、构图上越相似，结果的可重复性与可靠性越高。相反，当"chaos"参数数值越高时，生成后的网格图之间的风格、构图的差异性会越大，将产生更多多样化的图像结果和组合。

在 Midjourney 中启用后缀参数"chaos"，一般在文字提示词后添加"--chaos"或"--c"并输入相应的数值设置和调整。

接下来，我们使用同一组文字提示词"white tulip flowers, sea of flowers"（白色郁金香，花海），在保持其他参数为默认值的情况下，将"chaos"值分别设置为"默认""--c 20""--c 50""--c 100"，来演示不同"chaos"数值大小对图像生成效果的影响，如图 3-4 所示。我们可以发现，当"chaos"值为"默认"时，网格图像在构图、风格上整体保持相似，画面差异性较小；当"chaos"值为"--c 20"时，生成图像在艺术风格方面开始更加多样化，但整体构图依然保持相似；当"chaos"值为"--c 50"时，图像的构图与风格都分别发生了显著的变化；当"chaos"值为极值"--c 100"时，图像则出现了令人意想不到的艺术形式，并与原始文字提示词有所区别。

图3-4　调节初始网格图像混乱值对比

3.2.3　调整图片细节质量"--quality"

"quality"参数是指控制初始生成图像的细节水平，也称为"质量"或"细节度"。通过调整"quality"参数，可以控制图像的细节程度，从而得到不同质量的图像。该参数可以设置为三个不同的级别：0.25、0.5 和 1，分别表示图像的质量为 25%、50%、100%。在不主动设置"quality"数值时，生成图像对应的"quality"默认值为"1"。

在生成图像时，可以通过在提示词后输入"--q"及对应数值，来设置"quality"参数。当"quality"参数为"0.25"时，生成图像的质量较低，细节较差；而当"quality"参数为"1"（即默认值）时，生成图像的质量最高，细节程度最好，如图 3-5 所示。

图3-5　调节图像质量参数

需要注意的是，有时较低的"quality"设置可以产生更好的结果，这取决于创建何种类型图像。较低的"quality"参数可能更加适合生成简约、抽象的图像，而较高的"quality"值更加适合具有较多细节的图像。总而言之，需要根据具体的图像应用场景和需求来选择最匹配的参数，充分地发挥"quality"参数值的作用。

3.2.4　调节图片风格化"--stylize"

Midjourney 中的"stylize"参数用于控制图像的风格化程度，调整图像的色彩和样式。该参数值的调整范围是从 0 ~ 1000，其中"0"表示最小的风格化，"1000"表示最大的风格化。在未设置"stylize"参数时，其默认值则为"100"。

在生成图像时，可以通过在提示词后输入"--s"及参数值调整图片风格化程度，也可以通过调用"/settings"命令选择四类风格化程度。例如，"stylize low"对应参数值为"25"；"stylize med"对应参数值为"100"（默认值）；"stylize high"对应参数值为"250"；"stylize very high"对应参数值为"750"。

当"stylize"参数设置为较低的值时，生成的图像会与提示词更加匹配，图像效果更具真实感，保留了原始图像的细节和纹理，但会缺少艺术性和美感。而当"stylize"参数设置为较高的值时，生成的图像将具有更强的风格化效果，生成有利于构图、艺术形式的图像，如模糊、夸张或独特的效果，在色彩的运用上也更加鲜明，但与提示词的联系相对较少。

我们以同一组提示词"colorful Risograph of a tulip"（郁金香彩色Riso图）来展示不同的风格化参数值对图片效果的影响，如图3-6所示。

图3-6 调节图像风格化参数

3.2.5 反向描述词"--no"

Midjourney中的反向描述词"--no"是一个可以选择是否使用的参数选项，它用于取消图像中的某些特定效果。在提示词末尾加上"--no"并加上不希望生成在图像内的某类元素名称，则可以控制图像不生成所提及的元素内容。例如，当我们在某一提示词后填写"--no plants"这一参数内容，则表示要求生成的图像中不出现植物。

"--no"反向描述词一般运用于提示词欠准确或严格要求生图画面中不出现某项元素时。例如，当我们想要生成一组产品组合的白膜，但不希望产品表面有标签、文字、Logo等元素的残留，则可以在提示词后增加"--no Logo, words, label, writing, letters"，如图3-7所示。这个功能可以帮助我们更加精确地控制生成的图像内容，确保图像符合我们的需求和预期。

图3-7　"no"参数使用前后对比

3.2.6　中途停止 "--stop"

Midjourney 在初始图像的生成时，图像会从模糊逐渐渲染至清晰，渲染期间的步数值控制在 10 ～ 100。"stop"参数则像是一把控制渲染进程的手刹，通过输入相应的指令和参数，可以在渲染过程中达到指定步数时中止，直接生成图像。

一般情况下，在不进行中止操作时，初始图像生图的默认步数为"100"，即完全渲染并生成清晰的图像。当选择的步数数值减少时，停止渲染的时间就会提前，生成的图像也会更加模糊。例如，当中止参数值设置为"--stop 50"时，渲染进程会在第 50 步中止，生成的图像相比完全渲染的图像会稍显模糊。因此，通过不断调整"stop"参数，我们可以控制图像的渲染程度，以适应不同的应用场景和需求。

我们以同一组提示词为例，分别演示"stop"参数数值在"20""60""100"的图像差异，如图 3-8 所示。

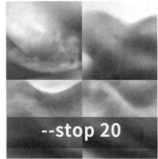
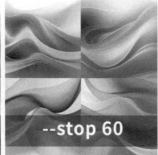
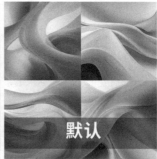

图3-8　调节"stop"参数值

提示

使用中止生成的模糊图像，在进行 upscale 放大时会恢复为完全渲染的清晰图像。

3.2.7　重复生图"--repeat"

"repeat"参数可以指定初始图像的重复生成次数，当需要对某一提示词进行大批量生图操作或想要在更多图像目标中选择时，使用"repeat"参数功能可以避免手动重复操作。

目前，"repeat"批量出图的提示词参数仅面向订阅专业用户及以上的订阅账号。对应的订阅用户可以通过在文字提示词后输入"--repeat"及次数进行图像的批量生成，例如"--repeat 5"表示初始图像生成的重复次数为 5 次，用户将会获得五组"2×2"的网格图像。

3.2.8　生成无缝贴图"--tile"

"--tile"是一个可以选择是否使用的后缀参数，无须输入数值，调用无缝贴图的功能只需要在文字提示词后增加"--tile"即可。使用"tile"后缀参数可以帮助我们生成重复无缝拼接的图像，为织物、壁纸和纹理等图案设计创建无缝图案，如图 3-9 所示。

图3-9　使用"tile"参数生成抱枕图案

3.2.9　图片连贯性操作"--seed"

Midjourney 每次生成图像时都会使用一个种子数字来创建一个视觉噪声场，作为生成初始图像网格的起点。随后，图像渲染后会逐渐变得具体、清晰。种子编号是为每个图像随机生成的，可以使用"--seed"或"--sameseed"参数指定。使用相同的

"seed"值和提示词，将产生构图相似的图像。通过使用"seed"参数，我们可以调整提示词描述，使得生成图像的内容在变化的同时还能保留重要元素的一致性，从而使使用 Midjourney 生成一个系列图集成为可能。

每个生成的图像都有其对应的"seed"值，这些数值是介于 100 ～ 400000 的整数。需要注意的是，"seed"数值只控制图像生成的随机性，而不影响其他，例如图像的质量、分辨率或风格等因素。

我们可以通过以下步骤查询所需操作图像的"seed"值，如图 3-10 所示。

（a）在图片上单击鼠标右键选择"添加反应"　　　　（c）收到 Midjourrey 发回的种植子值

图3-10　如何获取seed值

（1）单击生成初始图像右上角的笑脸符号，在弹出的窗口内搜索"envelope"并单击第一个"信封"表情。

（2）单击后，在左侧服务器列表栏将会有新的信息提示，是 Midjourney 发送的私信，内容则是回复所需图片的"seed"值。

（3）复制收到的"seed"值，在重新作图的文字提示词后添加"--seed"参数并输入该值，最终等待系统生成具有相同"seed"值的图像。

"seed"参数适用于生成同系列图像、图像测试或试验等使用场景。我们以制作"一家人一起包饺子的场景"为例，演示使用"seed"参数生成系列人物图像效果，如图 3-11 所示。

（a）输入关键词生成图像

（b）获取图像"seed"值

（c）修改部分提示词并输入"seed"参数

（d）使用"seed"参数生成同系列人物图像——男孩女孩

（e）使用"seed"参数生成同系列人物图像——爷爷奶奶

图3-11 使用"seed"参数生成系列图像

3.3 尝试高级提示方法

Midjourney 根据用户输入的提示词及后缀参数生成图片。然而，简单的文本描述有时并不能完全满足用户对图像的期望。为了生成符合用户预期的图片，精细调控变得至关重要。

在本节中，我们将介绍一些高级的图像生成提示方法，如 Remix 局部修改、权重切分符指定图像权重、排列提示等。此外，还将列举一些常见的报错内容，以帮助用户提高出图效率并增强出图质量。

3.3.1 利用"Remix"模式局部修改作品

Midjourney 中的"Remix"模式可以对现有图像的提示内容进行修改从而生成新的图像，一般情况下可以帮助使用者快捷地改变图像的设置、照明、主题或重现棘手的构图。"Remix"模式会在新生成的图像中沿用起始图像的构图，并根据修改的信息（如文字提示词、后缀参数、模型版本等）生成新的图像内容。

激活并调用"Remix"模式的方法，如图 3-12 所示。

（1）激活"Remix"模式。在个人服务器的聊天窗口输入"/prefer remix"或"/settings"命令后单击对应机器人进行调用。"/prefer remix"单击后机器人则直接进入"Remix"模式；调用"/settings"命令后单击Remix mode选项，此时按键变为绿色，表示模式启用成功。

（2）生成初始图像。输入"/imagine"调用作图机器人，然后输入想要生成图像的提示词，发送后等待初始网格图像生成。

（3）使用"Remix"模式更改图像。在生成的初始网格图像中选择一张想要局部修改的图像，并在其下方"V1 ～ V4"的变体按钮中单击对应的按钮，会弹出Remix prompt窗口，显示初始图像的提示词内容，可以对该提示词内容进行修改模式，然后单击"提交"按钮。

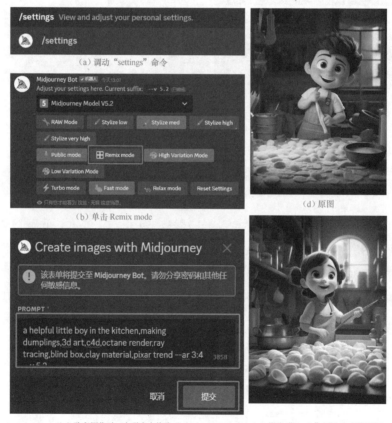

（a）调动"settings"命令

（b）单击Remix mode

（c）改变图像时，在弹窗内修改prompt

（d）原图

（e）使用"Remix"更改生成新图像

图3-12　调用"Remix"模式

（4）收获图像或持续修改。提交修改后的提示词，系统则会生成一个新的图像，可以单击"放大"按钮，也可以继续单击"变化"按钮持续修改图像提示词。启用"Remix"

模式后，它允许用户在每个"变化"期间选择"编辑"或"不编辑"提示词。

（5）关闭"Remix"模式。完成 Remix 后，可以再次调用"/settings"或"/prefer remix"命令将其关闭。

提示

使用"Remix"模式更改图片比例会拉伸图像而不会扩展画布、添加缺失的细节或修复不良裁剪。

"Remix"模式与 3.2 节提到的"seed"参数有异曲同工之妙，都可以帮助我们在保持图像构图、元素一致的情况下，通过修改提示词更改图像的部分内容，从而生成一系列优质图像。

我们以提示词"a cute boy, 20 years old, smiling, front view, half body, ID photo, 3d, Pixar style, high quality, solid grey background"（一个可爱的男孩，20 岁，微笑，前视图，半身，身份证照片，三维，皮克斯风格，高品质，纯灰色背景）为例，使用"Remix"模式分别修改提示词中的年龄，生成一个男孩一生各阶段的大头照，如图 3-13 所示。

图3-13 使用"Remix"模式生成男孩的一生

3.3.2 排列提示

"Remix"模式允许我们在生成某一初始图像后修改部分提示词内容重新生成图像。而排列提示则给予我们更高效的生图方式，它允许用户使用单个提示词命令快速同时生成多个内容变化的图像。

排列提示的调取方式是在撰写提示词时，通过将不同的描述词用逗号","分隔在大括号"{}"中，以快速创建和处理多个提示变体。排列提示的内容可以是描述词文本、图像提示、后缀参数或提示权重等。

选择不同类型的订阅服务，可以同时生成的排列提示数量也有所不同。基本订阅者最多可以使用单个提示词排列创建 4 个变体作业；标准订阅服务器最多可以使用单个提示词排列创建 10 个作业；超级订阅者最多可以使用单个提示词排列创建 40 个作业。但无论选择哪类订阅服务，排列提示仅在快速模式时可用。

下面，我们以创建人物一系列表情变化为例，来演示如何排列提示，如图 3-14 所示。

图3-14　使用排列提示批量生成不同表情的人物图像

（1）调动 "/imagine" 命令输入排列提示词。"imagine prompt a cute boy, 10 years old, {smiling, angry, crying} face, front view, half body, ID photo, 3D, Pixar style, high quality, solid grey background"。

（2）Midjourney 会处理并分别创建三个作业。

① "imagine prompt a cute boy, 10 years old, smiling face, front view, half body, ID photo, 3D, Pixar style, high quality, solid grey background".

② "imagine prompt a cute boy, 10 years old, angry face, front view, half body, ID photo, 3D, Pixar style, high quality, solid grey background".

③ "imagine prompt a cute boy, 10 years old, crying face, front view, half body, ID photo, 3D, Pixar style, high quality, solid grey background".

（3）Midjourney 批量生成对应提示词的图像。

3.3.3 使用权重切分符精细调控

在Midjourney图像生成过程中，权重切分符主要有切分语义以及对文本描述中的关键细节赋予权重这两大作用。权重切分符使用双冒号":: "表示，通过将其放置在提示词的文字描述中，将产生强大的精细调控生图能力。

1. 切分语义

使用权重切分符可以帮助大家在一组具有歧义的词组中进行语义切分，要求Midjourney 分别考虑切分符两侧的提示词内容。例如，当我们想要生成"太空下的一艘帆船"，一般会直接写成"space ship"，这时 Midjourney 将生成科幻宇宙飞船的图像，即使使用"，"将"space"与"ship"分隔开来依然无济于事。这时，就可以使用":: "分隔符将提示分为两部分，要求 Midjourney 分别考虑这两个概念，Midjourney 会按照需求创建太空下的帆船，如图 3-15 所示。

图3-15　使用切分符分隔语义

2. 指定权重

在文本描述中使用权重切分符时，可以根据图像生成需要，将不同描述词部分的权重设置为更高或更低的权重值。通过合理设定权重切分符，可以集中精力调控生成图像的关键细节，以实现所需的视觉效果。

在 3.2 节对提示词的介绍中我们已经有所了解，权重的值表示每个部分在生成图像中的重要程度。有较高权重值的提示词将使该部分的描述对生成图像产生更大的影响，而较低的权重值则会相应减弱该部分的影响。运用权重切分符时，所侧重的内容结尾需分别用英文格式句号"."结尾，并在权重切分符后面带上数字代表前面的关键词的权重，在不设权重值的情况下默认为 1。例如，"::2"表示该部分的权重为 2，而"::0.5"表示权重为 0.5。这些权重值决定了描述中每个部分对生成图像的影响程度。

我们以"a little girl in Chinese costum, walking in the garden, surrounded by flowers, children's illustration, Miyazaki style, Studio Ghibli, children's picture book."（一个穿着中国服装的小女孩，在花园里散步，被鲜花包围，儿童插画，宫崎骏风格，吉卜力工作室，儿童图画书。）提示词为例，通过对提示词内不同内容设置不同权重，来演示权重分隔符对图像效果的影响，如表 3-3 所示。

表 3-3　使用权重切分符调整图像

原图	a little girl in Chinese costume, walking in the garden, surrounded by flowers, children's illustration, Miyazaki style, Studio Ghibli, children's picture book.	
加大人物的权重	a little girl in Chinese costume,::5 walking in the garde,:: Surrounded by flowers,:: children's illustration, Miyazaki style, Studio Ghibli, children's picture book.::	

续表

加大环境的权重	a little girl in Chinese costume,:: walking in the garden,:: Surrounded by flowers,::5 children's illustration, Miyazaki style, Studio Ghibli, children's picture book.::	
加大艺术风格的侧重	a little girl in Chinese costume.:: walking in the garden.:: Surrounded by flowers.:: children's illustration, Miyazaki style, Studio Ghibli, children's picture book.::5	

提示

利用权重切分符进行精细调控是一个迭代的过程。我们可以通过观察生成图像的结果不断优化和调整权重切分符的设置，通过不断尝试新的权重值和组合进行试验，以获得最佳的图像生成效果。

3.3.4　常见报错及应对方法

在 Midjourney 作图过程中，下面列举一些常见的报错及对应的应对方法。

（1）"Invalid parameter" 无效的参数。通常是由于提示词后缀参数格式或内容撰写错误导致的。应对方法：检查后缀参数的格式是否正确，如 "--" 是否使用英文格式，后缀词的内容是否正确，后缀参数名词与数值之间是否使用空格分隔，参数之间是否使用空格分隔，参数数值设置是否合理，后缀参数与模型版本是否匹配等。如有以上问题，将后缀参数修改至合适的格式及内容即可重新发送生成图像。

（2）"Pending mode message"等待信息审核。通常是因为文字提示词内容出现违禁词。应对方法：检查提示词是否含有血腥暴力、黄赌毒、特殊身体部位等违禁敏感词。剔除后再重新发送生成图像即可。但需要注意的是，违禁词的发送频率不能过高，否则将面临账户封禁的风险。

（3）"Job queued"工作列队。以黄色反馈显示该报错，通常是指 Midjourney 在同一时间处理的出图作业数量达到了最大值，需要等待排队前列的生图作业完成后，才能继续生成后续图像。应对方式：对该报错无须做任何反应，只要耐心等待机器人生成图像即可。

3.4 拓展图像功能

Midjourney 在 V5.2 版的更新中推出了全新的拓展图像功能，其中包括"Zoom Out"（缩小）和"Pan"（平移拓展）。这些功能的引入，无疑将 Midjourney 的创作空间和灵活性提升到一个全新的水平。在本节中，我们将深入探讨 Midjourney 的"Zoom Out"和"Pan"功能，以及介绍使用图像拓展保持主体一致性的新思路，让读者了解图像拓展的作用和优点，以及如何利用这些功能，更好地表达自己的创意。

3.4.1 Zoom Out

"Zoom Out"是 Midjourney 中图像拓展的主要操作之一，它通过将图像原有画面缩小，并自动填充补全原始边界之外的画面内容，使得用户可以有机会看到"画外画"（原始画面保持不变）。

"Zoom Out"只适用于由 Midjourney 生成的图像，并仅在 Midjourney Bot V5.2 版本和 Niji 版本中适用。使用 Midjourney 生成图像并放大后，"Zoom Out"的相关选项会出现在图像下方，分别为"Zoom Out 2x""Zoom Out 1.5x""Custom Zoom"以及"Make Aquare"。其中，"Zoom Out 2x""Zoom Out 1.5x"分别标识将图像拓展至原始图像的 2 倍和 1.5 倍；"Make Square"则是指将原始图像的图像比例改为 1∶1；当开启"Remix"模式时，单击 Custom Zoom 后还会弹出提示词修改框，我们可以自定义图像的拓展倍数并修改原始图像比例，甚至定义新画布中的提示内容，如图 3-16 所示。

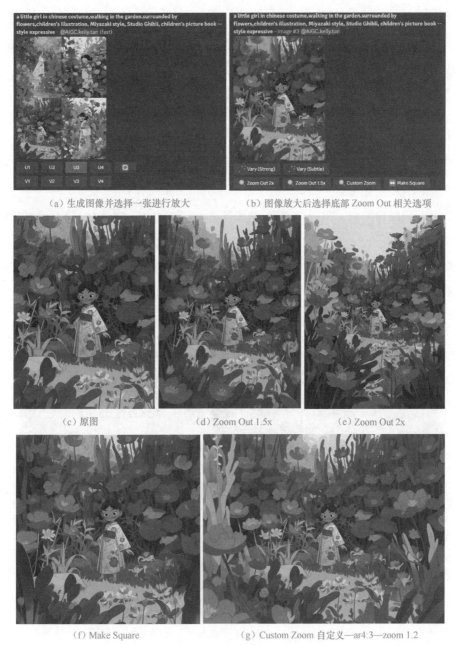

（a）生成图像并选择一张进行放大　　　　（b）图像放大后选择底部 Zoom Out 相关选项

（c）原图　　　　　　　（d）Zoom Out 1.5x　　　　　　　（e）Zoom Out 2x

（f）Make Square　　　　　　　（g）Custom Zoom 自定义—ar4:3—zoom 1.2

图3-16　使用"Zoom Out"拓展图像

3.4.2　Pan

Midjourney 中的"Pan"（即平移拓展）功能是继"Zoom Out"后另一种新的拓展

图像方式。它可以在保持原始图像内容及分辨率不变的情况下，让原始图像向"上、下、左、右"任意方向无限地平移拓展，为用户提供更多的创作灵活性和自由度，帮助用户更好地表达自己的创意。

与"Zoom Out"相比，"Pan"功能在以下几个方面有更加显著的优点。

（1）提供更多的创作空间。通过平移图像，用户可以探索更多的构图和视角可能性，从而创作出更加丰富和多样化的作品。

（2）保持分辨率。与"Zoom Out"不同，"Pan"不会改变图像的分辨率，因此可以保持图像的细节和清晰度。

（3）灵活的操作方式。"Pan"工具的操作非常简单直观，艺术家可以随时随地根据需要进行平移操作。

在操作方式上，"Pan"与"Zoom Out"相同，都是在使用 Midjourney 生成图像并放大后，在图像下方单击对应平移拓展的图标。依旧以图 3-16 中的原图为例，展示"Pan"的四类平移拓展在该原始图像中的应用效果，如图 3-17 所示。

（a）向下平移拓展　　　　（b）向上平移拓展　　　　（d）向右平移拓展

图3-17　使用"Pan"拓展图像

3.4.3　拓展图像实现角色一致性

Midjourney 由于其生图的随机性，在控制角色一致性方面具有天然的弱势。无论是使用"seed"参数还是使用"Remix"模式都无法保持主角脸部完全相同，但图像拓展功能给我们提供了新的思路。

第一步：生成人物脸部的超级特写。例如，我们以一位中国女生为主角，输入提示词"a Chinese girl, super closeup of face"（一位中国女孩，脸部超级特写），并生成初始网格图像。在网格图像中选择一个合适的脸部特写并放大，如图3-18所示。

第二步：根据想要的场景进行自定义缩放。打开"Remix"模式，并选择放大图像下

图3-18 生成固定面部特写

的 Custom Zoom 选项，随后弹出提示词编辑窗口，可以修改提示词内容、图像比例、拓展倍数等内容。如图3-19所示。这里我将提示词修改为"a Chinese girl, walking in the forest"（一个中国女孩，走在森林中），并将图像比例由默认的1：1手动改为3：4，将拓展倍数改为2倍。

（a）修改提示词及参数　　　　　　（b）生成新拓展图像　　　（c）选择并放大图像

图3-19 使用"Custom Zoom"自定义拓展图像内容

第三步：使用"Pan"平移拓展功能补全画面。由于"Zoom Out"只能进行边缘均匀拓展，针对不同图像可以使用"Pan"进行更灵活的拓展。例如，将图3-19向下拓展，补全女孩的下半身画面，如图3-20所示。

第四步：重复第二步、第三步，生成其他场景内容。我们可以选择继续编辑第二步中生成的图像，也可以重复第二步、第三步，以原始图像中的脸部特写为准，自定义修改提示词，改变人物服饰、动作或场景，如图3-21所示。

图3-20　使用"Pan"向下拓展图像

图3-21　重复步骤修改场景

3.5 本章小结

本节我们介绍了如何撰写提示词、后缀参数、高级提示方法以及拓展图像等
Midjourney中的基础操作。掌握并熟知这些基础操作可以帮助我们在使用Midjourney
作图时更加得心应手，能够更灵活地生成想要的图像效果。在第4章中我们将继续讲解
Midjourney相关的进阶操作，带领大家循序渐进地了解并掌握Midjourney的生图技巧。

CHAPTER FOUR

第 4 章

Midjourney 进阶操作

...

在第3章中，我们通过学习如何撰写用Prompts、调节参数和选择模型，对Midjourney文生图的基本操作有了系统的认识。然而，Midjourney的魅力远不止于此！本章将深入探讨Midjourney的文生图、图生图、混合模式、人像换脸等一系列进阶操作，让大家灵活运用Midjourney，在创作过程中实现更高自由度和更灵活的创意。本章将分别详细演示这四类进阶操作的流程，并结合案例，展示效果，总结操作适用的工作场景。

本章主要涉及的知识点有：

·学习使用"/describe"图生文模式：演示如何进行图生文操作，通过案例拆解，学习如何抓取核心关键词并成功复刻出理想的图片。

·学习使用图生图：通过教程与案例了解如何进行精准垫图并了解操作适用的场景。

·学习使用"/blend"混合模式生图：演示如何进行blend操作，学会将多个图像元素融合在一起，创造出独特的效果和风格。

·学习使用Insight Face Swap人像换脸：演示如何进行人像换脸，掌握面部替换的技巧，实现有趣的面部转换和创意表达。

4.1 图生文反推关键词

本节首先演示图生文在Midjourney中的操作过程，通过做到熟练地使用图生文，用AI帮助大家转化图像为对应的文字描述。

4.1.1 图生文操作详解"/describe"

"图生文"（Image-to-Text）是指将图像转化为文字描述的过程或技术。AI通过对输入的图像进行分析和理解，将其中的视觉信息转化为相应的文字描述，例如什么对象在做什么。在Midjourney中图生文被设定为"/describe"的操作命令，这一操作可以在我们希望快速生成文字描述或prompts的时候提供便利。

第一步：调动图生文命令。首先进入个人服务器界面，单击界面底部输入框输入"/describe"，随后单击系统弹出的"/describe"指令图标，如图4-1所示。

图4-1　调取图生文命令

第二步：上传图生文原始参考图片。上传需要进行图生文的图片，可以选择复制图片后单击底部"请添加文件"按钮进行粘贴操作，也可以单击 Drag and drop or click to upload file 上传本地图片，如图 4-2 所示。

　　本节以制作一张苹果手机壁纸为例进行演示。虽然壁纸图片一般具有比较鲜明的颜色特征，但是其图片风格和画面细节往往复杂多变，不是生活中常见的概念，这导致我们在制作中往往难以准确描述这些图片要素。面对这类情况，可以试试"/describe"命令来获取初步描述作为辅助，再结合个人理解进行调整。

　　第三步：生成图生文描述 prompts。上传图片后，发送指令，然后等待 Midjourney 系统发回的文字描述，如图 4-3 所示。一般 Midjourney 会一次性返回四段描述词，如果需要验证描述词的效果，可以分别单击下方的 1 ～ 4 号码直接进行文字编辑和文生图操作。如果需要生成更多描述词，也可以单击下方的"循环"按钮再次进行图生文描述。

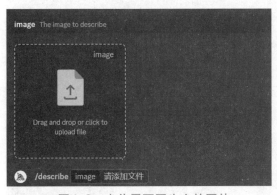

图4-2　上传需要图生文的图片

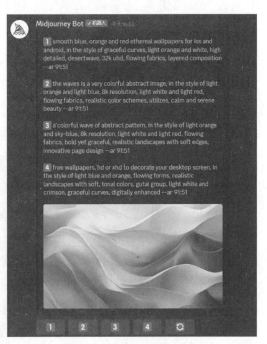

图4-3　生成四段描述词

　　第四步：利用描述进行文生图。例如，在实例中随机选择"V4"按钮，在不进行任意编辑改动的情况下，直接使用"/describe"命令生成的第四段文字描述生图，可以最终生成四张风格类似的壁纸图片，如图 4-4 所示。在利用该描述词进行文生图的基础上，可以继续按照前几章的基础操作继续调整图片的变化、放大或者重新生成。

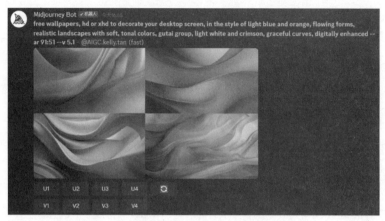

图4-4　使用第四段描述词进行文生图

4.1.2　如何拆解文字找到核心关键词

虽然"/describe"命令能够帮助我们获取更加准确的图像描述（提示词），但是Midjourney 转换图文信息时往往具有较大的随机性，使得 Midjourney 自动生成的描述词有时也无法达成我们期待的效果，不能够应对所有的情形。因此我们还需要学习识别、拆解图片核心关键词的能力，根据自身对图像内容的判断，再结合"/describe"命令的辅助，提升 Midjourney 绘图的效率与质量。

那么如何找到图片核心关键词，并对图像进行关键词拆解呢？

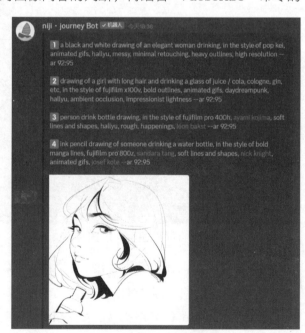

首先，需要根据图像风格确定是否找到并使用了一个合适的模型。只有使用合适的模型，才能够使 Prompt 发挥应有的效果。例如，如果需要生成一张女生头像，这张图像以手绘简约风格为主，偏向二次元风格，如图 4-5 所示。如果选择默认的 Midjourney·Bot，则难以生成符合输入图像特征的描述词，因此，在调动图生文"/describe"命令时应该选择更适合的 Niji·journey Bot。

图4-5　原始图片图生文操作

在对上传的原始图片进行图生文操作后，我们将第一次生成的四段关键词分别进行文生图操作。下面分别翻译四段关键词，并将生成的图片与对应关键词进行展示与对比。

第一段描述词："a black and white drawing of an elegant woman drinking, in the style of pop, animated gifs, hallyu, messy, minimal retouching, heavy outlines, high resolution --ar 92:95 --style expressive"（一幅黑白画，一个优雅的女人喝酒，以流行音乐的风格，动画 gif，韩流，凌乱，最小的修饰，沉重的轮廓，高分辨率），如图 4-6 所示。

 提示

　　加下画线的词为选取的与原始图片相关的有效关键词。

第二段描述词："drawing of a girl with long hair and drinking a glass of juice / cola, cologne, gin, etc, in the style of fuji film x100v, bold outlines, animated gifs, daydream punk, hallyu, ambient occlusion, impressionist lightness --ar 92:95"（画一个长发女孩，喝一杯果汁 / 可乐、古龙水、杜松子酒等，以富士胶片 x100v 的风格，大胆的轮廓，动画 gif，白日梦朋克，韩流，环境光遮蔽，印象派亮度 --ar 92：95），如图 4-7 所示。

图4-6　第一段关键词文生图　　　　图4-7　第二段关键词文生图

第三段描述词："person drink bottle drawing, in the style of fujifilm pro 400h, ayami kojima, soft lines and shapes, hallyu, rough, happenings, léon bakst --ar 92:95"（人物饮料瓶绘图，富士胶片 Pro 400H 的风格，小岛绫美，柔和的线条和形状，韩流，粗糙，事件，莱昂·巴克斯特 --ar 92：95），如图 4-8 所示。

第四段描述词："ink pencil drawing of someone drinking a water bottle, in the style of bold manga lines, fujifilm pro 800z, sandara tang, <u>soft lines and shapes,</u> nick knight, animated gifs, josef kote --ar 92:95"（水墨铅笔画的人喝水，大胆的漫画线条风格，富士胶片 Pro 800z，桑达拉唐，柔和的线条和形状，尼克奈特，动画 gif，约瑟夫·科特 --ar 92：95），如图 4-9 所示。

图4-8　第三段关键词文生图　　　　　图4-9　第四段关键词文生图

在上述四段样例的对比中，我们可以发现通过每段关键词都可以清晰地识别出原始图片中主体人物的形象和动作。第一段关键词与原始图片相对最接近，主要原因是其在画面色彩上撰写了其他三段所缺乏的"（a black and white drawing）"黑白画，因此"黑白"是拆解出的第一个核心关键词。

在对画面笔触风格进行分析时，我们发现与原始图笔触风格接近的第一、第二、第四段描述词中都提到了一个共同的特征点，即"（soft lines）"流畅的线条，因此该词为第二个核心关键词。此外，由于原始图的手绘风格线条相对简约，与生成的第一段关键词较为接近，因此相关的"（minimal retouching）"极简关键词也可以被提取出来。

基于从上述内容中提取的核心关键词，我们还应当增加从自己的视角总结的关键词。从图像内容角度来看，原始图像是一个侧脸的女生头像；从绘画风格角度来看，这是手绘线条风格；从用笔风格角度来看，发现图像的线条较为凌乱无序。最后将关键词结合，可以得到一个新的文字描述："女孩头像，侧脸，自由笔触，流畅曲线，简约手绘风格，线条风格，黑白"，再将该段文字描述翻译为英文 Prompt："girl avatar, side face, free brushwork, smooth curves, simple hand-drawn style, line style, white black"，现在使用对应的 Niji·journey Bot 进行文生图操作来检验效果。如图 4-10 所示，这次生成的图像和原图的相似度得到了进一步提高，并且保留了主要特征。

图4-10　重组关键词文生图

4.2 〉 如何实现图生图把控图片风格

在 Midjourney 绘图中，如果输入的关键词不能完全描述期望绘制的画面，引入参考图作为垫图可以帮助你把控生成的图片风格，让 Midjourney 更好地生成新图片。

4.2.1　垫图操作详解

Midjourney 的图生图是通过上传参考图片并添加描述词、参数等提示词，快速生成基于参考图片的新图片。使用图片作为提示内容的操作也可以称为"垫图"，具体操作步骤如下。

第一步：上传参考图片。首先进入个人服务器界面，单击输入框左侧的"+"图标，选择上传参考图片。然后单击参考图片，选择在浏览器中打开，复制图片地址链接（注意链接后缀必须是 .png 或 .jpg），如图 4-11 所示。

第二步：粘贴图片链接。调用"/imagine"命令，粘贴上传图片的地址链接，并注意在粘贴的图片链接后空一字符，如图 4-12 所示。

（a）上传参考图像，单击发送　　　（b）在浏览器中打开，并复制图片地址链接

图4-11　上传参考图片

（a）调用"/imagine"命令

（b）复制上传图像地址链接

图4-12　粘贴图片链接

第三步：撰写完整的提示内容。在空格后输入想要生成图片的文字描述词、后缀参数等提示内容（也可以不输入）并发送，如图4-13所示。

图4-13　撰写完整的提示内容

第四步：生成新图片。Midjourney Bot 将生成基于参考图片与提示词生成的新图片，如图 4-14 所示为对比原始参考图片与新生成图片的相似度。

图4-14　垫图与图生图对比

4.2.2　让图像更像垫图

从 4.2.1 小节的案例中我们会发现，图生图在大致风格上可以与垫图保持，但依然有较多内容有所区别，那么如何让生成的图像更像垫图呢？

首先我们先了解一下 Midjourney 使用垫图生成新图的渲染机制。在图生图中，Midjourney 是通过识别参考图片中的噪点组成，并基于垫图噪点与知识库中的数据进行匹配，进行相似渲染。如果无法匹配，则通过描述词内容中的人物、动作、环节、风格等在垫图基础上进行渲染。因此，如果使用的垫图是常见的人物形象或场景，如迪士尼公主，即使不撰写提示词内容也能够生成相似新图片（同时垫图两张以上）。但是，如果垫图是知识库中不常见的内容，则需要撰写完整的描述词内容。

基于图生图的原理，我们可以通过以下两种方式提高生成新图片与原始垫图的相似度。

1. 使用更多风格统一的参考图片进行垫图

由于垫图生图机制是识别并匹配参考图片中的噪点，因此在垫图时可以上传多个参考图片链接（图片链接以空格进行间隔），以提高垫图图片噪点与知识库的匹配度，生成风格更加类似的新图片。

我们以生成 Undraw 平面插图为例，如图 4-15 所示是由一张 Undraw 风格的平面插画垫图结合提示词 "three people sitting at a table, in the style of flat color blocks, cryptidcore, dark gray and light amber, relatable personality, socially engaged work, clean-lined, back button focus"（三个人坐在一张桌子旁，以平面色块的风格，暗色，深灰色和浅琥珀色，相关的个性，社会参与的工作，干净的线条，后

退按钮的焦点）生成的新图片，我们会发现新图片与垫图在背景画面上差异较大。当我们提高垫图数量，上传并使用 4 张 Undraw 平面插图进行垫图，可以发现，使用更多参考图结合同一段提示词生成的新图片与垫图在画面相似度方面有显著的提高，如图 4-16 所示。

图4-15　一张垫图生成Undraw平面插图

图4-16　4张垫图生成的Undraw平面插图

2. 使用"--iw"后缀参数提高垫图的影响权重

"--iw"是提示词中影响垫图权重的后缀参数，数值范围为 0.5 ～ 2。参数数值越大，表示生成图片与垫图的相似度越高。因此当使用后缀参数"--iw 2"时，表示将垫图对生成图像的影响权重调至最大。同样，我们使用同一张垫图与提示内容，设置不同"--iw"

后缀参数值，可以发现新图片与垫图在相似度上的变化，如图4-17所示。

图4-17 不同的"--iw"参数对图生图与垫图相似性的影响

4.2.3 常见运用场景

AI作图中的图生图技术因其强大的生成相似图片的能力成为AI作图中常用且重要的功能，在游戏、广告、影视制作和设计领域等场景下都有很大的应用空间。

（1）游戏开发。游戏开发者可以利用图生图技术快速生成游戏中的角色、道具、场景等元素，提高开发效率和质量。例如，游戏开发者可以上传一张原图，然后通过图生图技术生成另一张有着相似特征的新图片，作为游戏中的角色、道具或场景，如图4-18所示。

（2）广告设计。广告设计师可以利用图生图技术根据用户提供的原图快速生成符合广告需求的图片。例如，广告设计师可以上传一张用户提供的商品图片，然后通过图生图技术生成另一张有着新的样式和色彩的图片，作为广告的素材，如图4-19所示。

图4-18　游戏场景的图生图

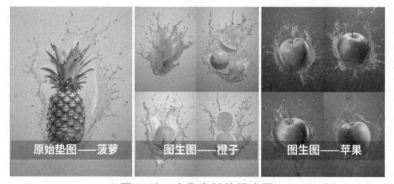

图4-19　广告素材的图生图

（3）影视制作。在影视制作中，图生图技术可以用于快速生成特效、场景等图像素材，降低制作成本和提高效率。例如，导演或制片人可以通过对剧本和角色进行描述，利用图生图技术生成一张虚拟场景或角色的图片，作为影片拍摄的参考，如图 4-20 所示。

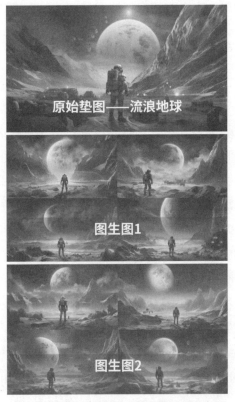

图4-20 影视制作的图生图

（4）产品设计。在产品设计领域，图生图技术可以用于快速生成产品原型和模型，帮助设计师更好地评估和优化设计方案。例如，设计师可以上传一张产品原型的图片，然后通过图生图技术生成一张新的产品模型图片，以更好地评估和改进设计方案，如图 4-21 所示。

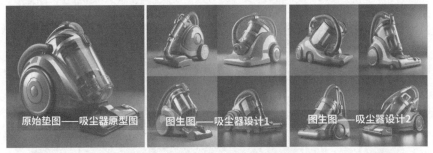

图4-21 产品设计的图生图

（5）其他设计领域。设计师可以利用图生图技术快速生成各种图案、花纹和色彩单元，从而进行快速设计探索和试验，以便更好地实现设计目标。例如，设计师可以上传一张原图，然后通过图生图技术生成另一张有着相似特征的新图片，为设计提供更多的灵感和选择。

4.2.4 案例讲解：电商换装

电商领域在拍摄模特衣服效果图上所花费的时间和金钱相当巨大。首先，拍摄需要聘请模特、摄影师和化妆师等专业人员，以及摄影设备、场地和道具等硬件资源。其次，拍摄的后期处理也非常耗时，需要修图、调整颜色等。这一过程需要专业技能和大量时间，成本相对较高。而 AI 绘图可以帮助电商领域的商家节省这方面的开销。一方面，AI 绘图可以大大降低拍摄成本。使用 AI 绘图技术，可以将模特和衣服的图像以数字方式渲染，无须实际拍摄即可获得所需的效果图。另一方面，可以避免因拍摄条件限制（如天气、场地等）而影响拍摄效果，实现更加稳定的图像输出。这对于需要快速更新的电商领域来说非常有利，可以更快地响应市场变化和客户需求。

接下来，将演示如何使用 Midjourney 进行 AI 模特换装。

第一步：生成一位 AI 模特。首先我们可以根据目标人群的特征生成 AI 模特。例如，我们有一件面向中国年轻女性的秋季卫衣即将销售，需要制作产品效果图。我们提取"亚洲年轻女性"这一人物特征，在 Midjourney 中使用文生图，调取"/imagine"命令，并输入生成模特的提示词发送至 Midjourney Bot，如"a young beautiful Asian woman, wearing a white T-shirt, face the camera lens, full body, white simple background, photo take by Sony Alpha 35mm, commercial photography, super detail --ar 9:16"（一个年轻漂亮的亚洲女人，穿着白色 T 恤，面对镜头，全身，白色简单背景，索尼阿尔法 35mm 拍摄的照片，商业摄影，超级细节 -- 画幅比例 9：16），如图 4-22 所示。Midjourney Bot 将生成符合要求的模特图片，我们选择其中一张并放大作为本次案例的 AI 模特。

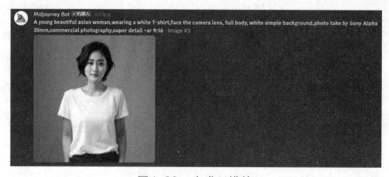

图4-22　生成AI模特

第二步：将服装与模特融合。如何让 AI 模特把衣服穿上？该步需要使用 Photoshop 进行简单的图片融合操作。首先将服装的原始图片进行抠图，将抠图后的产品图片放置在 AI 模特的上半身位置，注意要覆盖模特上半身原本的衣服，然后导出图片，如图 4-23 所示。

第三步：上传图片成为垫图。将第二步生成的图片作为图生图的垫图，按照图生图的操作方式上传该张垫图，并复制图片的地址链接。

图4-23　将服装与模特融合

第四步：完善提示词。再次调取"/imagine"命令，将垫图的地址链接复制到提示词框中，并撰写描述词与后缀参数。例如，我们可以沿用生成 AI 模特的提示词，并进行重要信息的修改完善，将服装特征进行修改并添加后缀参数"--iw 2"，使垫图的影响权重达到最大，"a young beautiful Asian woman, wearing a red sweater, face the camera lens, full body, white simple background, photo take by Sony Alpha 35mm, commercial photography, super detail -ar 9:16 -iw 2"（一个年轻漂亮的亚洲女人，穿着蓝色卫衣，面对镜头，全身，白色简单背景，索尼阿尔法 35mm 拍摄的照片，商业摄影，超级细节），如图 4-24 所示。

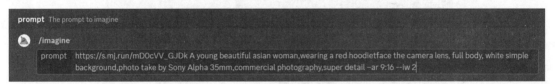

图4-24　上传图片成为垫图

第五步：生成模特换装图。完善提示词后发送至 Midjourney，Midjourney Bot 将生成换装后的模特图片，我们还可以使用"Vary (Region)"进行局部重绘、修改模特配饰等，最终生成一张满意的电商换装图，如图 4-25 所示。

图4-25　生成模特换装图

4.3 如何实现"1+1=1"的图像融合

Midjourney 的图像融合模式即"/blend"命令可以让用户轻松地将不同的照片融合在一起，以获得独特的视觉效果。

4.3.1 什么是图像融合

"图像融合"顾名思义，是指提取多张原始图片中的不同元素将其融合起来，生成一张图像。在 Midjourney 中，将图像融合可以调用"/blend"命令实现。"/blend"命令允许用户快速上传 2～5 张图像，并根据每张图像输入的概念和命令，将它们融合成一个新的图像。图像融合模式与不撰写提示词的图生图模式类似，但"/blend"命令经过优化，在移动设备上使用更方便。

4.3.2 图像融合操作详解"/blend"

第一步：调取"/blend"命令。在个人服务器中输入"/blend"并在弹出的命令框中单击选择，如图 4-26 所示。

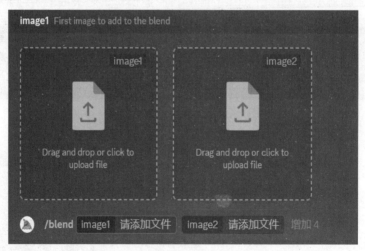

图4-26 调取"/blend"命令

第二步：上传图片。图像融合中最多可以混合 5 张图片，系统默认会提示用户上传两张照片，若需要添加更多的照片，选择"增加"字段并选择 image3、image4 或 image5 上传对应图片，如图 4-27 所示。

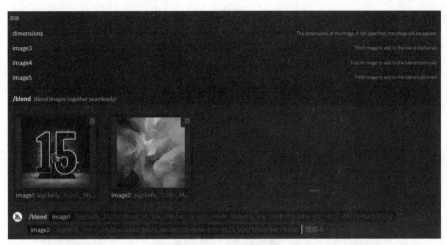

图4-27　上传图片

第三步：生成融合图片。发送后即可等待 Midjourney Bot 生成新的混合图片。由于 Midjourney Bot 需要分别拆解上传图片噪点，因此"/blend"命令可能需要比其他命令更长的时间才能启动，如图 4-28 所示。

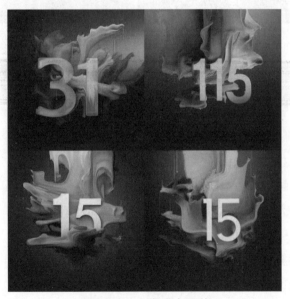

图4-28　生成混合图片

第四步：局部修改。由于"/blend"命令不能填写提示词，因此系统默认的纵横比是 1 : 1，生成图像时可在"dimensions"字段中的"Square"（方形纵横比 1 : 1）、"Portrait"（纵向纵横比 2 : 3）或"Landscape"（横向纵横比 3 : 2）之间进行选择。在生成图像后也可以使用"Custom Zoom"继续进行比例修改，或使用"Vary (Region)"进行局部重绘，直到满意为止，如图4-29所示。

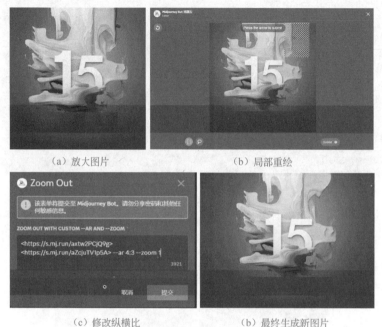

（a）放大图片　　　　　　　　　　　　（b）局部重绘

（c）修改纵横比　　　　　　　　　　　（b）最终生成新图片

图4-29　局部修改

4.3.3　图像融合的局限性

Midjourney中的"/blend"命令虽然可以方便地进行照片融合处理，但由于其局限性，使用时需要注意相关要求和条件，以保证获得更好的效果。

（1）无法保持图像一致性。Midjourney生成图像的内在原理是提取噪点并重新渲染生成新图片，因此在混合图像时，原始图像的细节内容将被改动，生成的混合图像无法保持图像一致性。

（2）照片上传速度较慢。与其他命令相比，"/blend"命令可能需要更长的时间才能启动，因为Midjourney必须先上传每张照片，然后才能进行融合处理。

（3）无法实现实时融合。"/blend"命令需要手动上传照片，然后Midjourney Bot才能进行融合处理。无法实现实时融合的效果。

（4）无法调整融合参数。"/blend"命令只能融合上传的2～5张图片，无法调整融合参数，如融合比例、色彩平衡等。

（5）对上传照片的质量有要求。由于"/blend"命令是将两张或多张照片直接进行融合，因此要求上传的照片质量较高，否则可能出现融合后图像质量下降的问题。

4.3.4　常见运用场景

Midjourney中的"/blend"命令可以在艺术设计领域发挥广泛的作用，可以创造出各种新的视觉效果和创意作品。使用"/blend"命令混合图片常应用于以下场景。

（1）照片叠加融合。通过将两张或多张照片进行融合，可以创建一种新的图像效果，常见于将人物与背景进行融合，将人景合一，创造出一种梦幻般的场景或特效，如图4-30所示。

图4-30　照片叠加融合

（2）过渡效果。在平面设计中，可以使用"/blend"命令来创建过渡效果，使得图像的颜色和纹理更加平滑和自然，如图4-31所示。

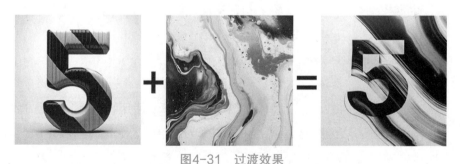

图4-31　过渡效果

（3）创意合成。通过将不同图像的特定元素进行融合，可以创建出全新的图像，常用于广告、电影特效等场景，如图4-32所示。

（4）产品设计。在产品设计中，可以使用"/blend"命令将多个设计方案进行融合，从而获得更加独特和创新的产品外观和结构，如图4-33所示。

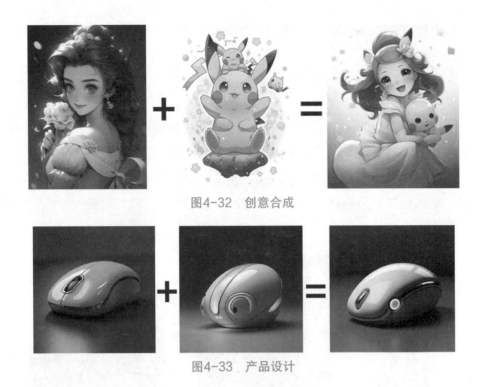

图4-32　创意合成

图4-33　产品设计

4.3.5　案例讲解：人景合一

在制作动画图像时往往需要角色身处不同场景，本次案例将演示使用"/blend"命令分别将人物与不同场景进行融合。

第一步：生成原始素材。生成人物素材图和所需的场景图，这一步需要确保原始图片干净简洁，去除不必要的元素，并尽量保持纵横比一致。例如，我们使用提示词"a cute little girl with two braids and a tomatoes on sticks in her hand, a flat figure, 2D --ar 3:4"（一个可爱的小女孩，扎着两条辫子，手里拿着一个西红柿，身材平坦，2D），要求 Midjourney 生成一位动漫人物，如图 4-34 所示；使用提示词"{the Forbidden City, modern city, mountains and fields}, with a road ahead, plan illustration, 2D --ar 3:4"（{故宫，现代城市，山野}，前面有一条路，平面图说明，2D）依次生成故宫、都市与田野的背景图片，如图 4-35 所示。

 提示

如果已经拥有合格的原始图像素材，则可以直接从第二步开始。

图4-34　生成人物素材

图4-35　生成场景素材

第二步：分别将人物与不同场景进行"/blend"融合。调动"/blend"命令，依次将动画人物图片与故宫、城市、山野这三个场景图片进行上传并发送融合，等待 Midjourney 生成新图像，如图 4-36 所示。

图4-36　融合人物与场景

第三步：生成人景合一的新图像。如图4-37所示。

图4-37　人景合一的效果图

4.4 > 如何实现人像换脸

2023年7月，通过人像换脸制作个人写真的"妙鸭相机"App风靡一时，其内在原理就是使用AI识别用户五官并与原始被换脸图像进行结合，最终生成穿戴不同服饰的写真照片。在Discord中，"Insight Face Swap"机器人同样可以实现人像换脸。

4.4.1　Insight Face Swap操作详解

第一步：调动"Insight Face Swap"机器人。将"Insight Face Swap"机器人邀请至个人服务器中，在输入框中输入"/saveid"，唤醒"Insight Face Swap"机器人，如图4-38所示。

图4-38　调动"Insight Face Swap"机器人

第二步：上传人脸图像。上传一张需要保留五官的人像图片，并为该图片命名一个idname，例如输入"test"。随后机器人显示"idname test created"，即表示原始被换脸图像创建成功，如图4-39所示。

图4-39　上传人脸图像

第三步：上传被换脸图像。在输入框中输入"/swapid"，会弹出和第二步类似的选框，在这里选择你想要被替换的人脸图片，并在idname中填写上一步输入的idname，调取五官图像，如图4-40所示。

图4-40　上传被换脸图像

第四步：生成换脸图像。发送图像后，"Insight Face Swap"机器人将生成最终的换脸图像，如图4-41所示。

图4-41　生成换脸图像

4.4.2　常见运用场景

人像换脸需谨慎使用，目前常用于以下应用场景。

（1）娱乐和社交媒体。在娱乐和社交媒体领域，人像换脸技术可用于虚拟直播、短视频等。

（2）教育和学习。在教育和学习场景中，人像换脸可以用于生成学习资料和演示文稿，也可以用于虚拟人物的表情和动作捕捉。

（3）艺术和创意。在艺术和创意场景中，人像换脸技术可以用于生成艺术作品、人物写真、广告宣传等。使用人像换脸技术生成的图像具有趣味性和吸引力，以引起观众的兴趣。

需要注意的是，人像换脸是一把"双刃剑"，使用时需注意生成图像的真实性和合法性，不可用于欺诈、侵犯版权等犯罪用途。同时，使用人像换脸技术生成的图像应尽可能符合道德和审美标准，避免造成不良影响。

4.4.3　案例讲解：定制个人写真

使用Midjourney定制个人写真，可以使用文生图的功能，通过描述词自定义写真图像中人物的发型、服饰、背景、动作姿态等内容再使用Insight Face Swap进行换脸。

第一步：自定义生成被换脸图像。例如，想要生成一张穿着婚纱的写真图像，调动"/imagine"命令后，输入提示词"A girl in a wedding dress, front, facing the camera, simple background --ar 3:4"并发送至Midjourney。在Midjourney生成的图像中选择一张人物正脸图像，如图4-42所示，放大图像并保存至本地。

图4-42　生成婚纱服饰的图像

第二步：上传需保留五官的人像图像。输入"/saveid"命令调动"Insight Swap Face"机器人，将需要保留五官的人像正面图片上传并命名为"face"，如图4-43所示。

图4-43　上传需保留五官的人像图像

第三步：上传婚纱写真图像进行人脸互换。输入"/swapid"调动换脸命令，将第一步中生成的穿着婚纱的人物图像上传并在idname中输入第二步所命名的"face"图片，如图4-44所示。

图4-44　上传婚纱服饰图像进行人脸互换

第四步：生成个人写真图像。机器人将生成最终的穿着婚纱的换脸写真图像，如图 4-45 所示。以此类推，我们也可以继续按照同样的方式生成其他图像，制作个人写真集，如图 4-46 所示。

图4-45　生成个人婚纱服饰写真图像

休闲类—换脸写真　　职业类—换脸写真　　艺术类—换脸写真

图4-46　生成系列写真图像

4.5 本章小结

在本章中，我们学习了 Midjourney 的一些进阶操作，包括图生文反推关键词、图生图把控图片风格、图像混合、人像换脸等方面的操作详解和案例讲解。其中，图生文反推关键词可以帮助用户从生成的文字中拆解出核心关键词，从而更好地复刻参考图片；图生图把控图片风格可以通过垫图操作和图像混合等方式，实现电商换装等应用场景；人像换脸则可以通过"Insight Face Swap"机器人操作实现定制个人写真等应用场景。进阶操作意味着我们能够掌握更多、更复杂的 AI 绘画能力，通过灵活运用这些进阶操作，可以更好地进行图像创作，实现自己的创意。

CHAPTER FIVE

第 5 章

Midjourney 与其他工具组合应用

...

在前面的章节中我们学习了 Midjourney 的基本使用方法，但 Midjourney 的高阶玩法将超越 Midjourney 工具本身。我们无法期待一个完美的 AI 绘画工具，但只要动动脑筋，巧妙利用其他现有工具，就可以让 Midjourney 变得更加灵活和强大。本章将针对 Midjourney 和其他工具的组合，介绍一些巧妙便捷地提升效果的方法，包括和语言模型的跨界合作、不同 AI 作图工具的互补、和传统图像编辑工具的组合等。本章将分别结合案例演示，展示效果，总结操作适用的对应工作场景。

本章主要涉及的知识点有：

·学习使用语言对话工具辅助 AI 绘图：在 AI 绘图之前利用语言模型提取和优化提示词，获得更好的绘画效果。

·学习提升 Midjourney 出图画质的方法：借助图片编辑工具，提高 AI 出图的分辨率。

·了解 AI 生成视频方法：AI 可以利用图像生成视频片段，这里将介绍基本原理并简单演示。

·介绍更多常用工具：介绍更多的辅助应用，以便用户更加得心应手地创作。

5.1 让语言模型成为AI绘图的好助手

语言模型是指提供 AI 对话、AI 问答、AI 生成文本等能力的内容创作工具，自从大模型技术问世后，语言模型的性能实现了突破进展，其代表性产品包括 OpenAI 公司的 ChatGPT、百度的"文心一言"、清华大学的 ChatGLM 等。由于语言模型可以根据提示词或提问，按照要求生成一段文本，因此在撰写 AI 绘图提示词方面具有针对性优势。语言模型的典型用法包括但不限于：生成或重写一段提示词、详细扩写用户的提示词、修改润色提示词、提示词翻译等。本节将以"文心一言"为例，演示语言模型如何在 AI 作图中起到辅助作用。

5.1.1 了解语言模型的基本用法

本节以"文心一言"为例。用户需要在浏览器搜索"文心一言"并进入其官网，首先注册账号，登录后即可进入 AI 对话界面。在界面中官方提供了大量使用案例，单击界面顶部工具栏中的"一言百宝箱"还可以看到更多拓展，此处不做展开，用户可以自行体验。

"文心一言"的主要用法比较简单，在最下方的对话框中，用户只需要输入任何提问式的语句，例如"减肥的技巧有哪些"，就可以收获 AI 的详细解答。用户还可以输入一些命令式的语句，例如"请生成一段歌单推荐"，AI 将提供一段文本式的回答。

AI 还可以对用户的输入文本进行处理，例如"翻译这个单词，Prompt"，则会收到答复——"Prompt"的意思是"及时的，迅速的"。如果对 AI 的回答不满意，还可以要求重新生成，或者重新提问，对于上述翻译则会获得更详细的解释——"Prompt 可以翻译为及时的、敏捷的、迅速的或即刻的。在不同的语境中，它可能有不同的含义。例如，在计算机科学中，Prompt 可以指一个命令行界面中的提示，提示用户输入命令"。

语言模型的回答还和上下文有联系，即"对话语境"，也可以理解为 AI 能够进行"角色扮演"。当 AI 用于不同语境中（扮演为不同角色）时，对同一个问题的回答可能有所倾向和不同。如果用户需要 AI 以特定风格对话（生成文本），或者回答针对具体小众领域知识的时候，可以先和 AI 讨论相关内容，引导 AI 的语境转换。

例如，设定 AI 是一个英语语言专家的角色，在专业语境下要求"文心一言"解释"Prompt"这一单词。在这个案例中，我们会发现，相较于之前的回答，AI 的翻译更加专业、详细。

> **我的输入**：假设你是一个英语语言专家，请从词语的起源开始解释单词 Prompt。

> **文心一言**：单词"Prompt"源自中古英语（Middle English）的"prompten"，意思是"催促"或"激励"。它的词根"pro-"表示"前面"或"在前面"，而"-mpt"则表示"抓住"或"取得"。因此，"Prompt"字面上的意思是"在前面抓住"或"在前面取得"，这暗示着它有催促或激励的含义。在英语中，"Prompt"可以用来描述及时或迅速的反应，还可以表示激励或鼓励某人做某事。

5.1.2　训练语言模型成为你的提示词助手

由于"文心一言"是一个通用型的语言模型，也就是说它与人开启一轮新对话的时候，无法预知接下来对话的语境和用户偏好是什么，因此产生的结果也比较通用化、日常化。但是为 Midjourney 等 AI 绘画工具生成提示词的时候必须符合一定的语言规范，因此我们需要先设法为 AI 设定一个语境（角色），使其习惯 AI 绘画模型的提示词撰写风格，这样才能比较好地生成有效文本。

下面展示训练"文心一言"的基本做法。注意"训练"有两种做法：一种是具备开发能力和条件的用户自行训练、构建一个专用的 AI 语言模型；另一种则是通过对话来调教 AI 对话模型。本节主要指第二种做法，相对更简单一些。

首先需要开启一轮新对话，在左侧工具栏中单击"新建对话"按钮即可，以消除之前已有对话的语境影响。需要先引导 AI 了解 AI 绘画模型 Midjourney 的背景和特点，因此可以先后询问"Midjourney 是一款 AI 绘画工具，输入关于图片描述的文字或者关键词，它就能制作出相应的图片""Midjourney 通过提示词（Prompt）来生成图片，它接收的提示词的格式是什么"或类似的问题，"文心一言"将会"学习"到 Midjourney 提示词的作用和特点。

> **我的输入：** Midjourney 是一款 AI 绘画工具，输入关于图片描述的文字或者关键词，它就能制作出相应的图片。

> **文心一言：** Midjourney 是一款由大卫·霍兹（David Holz）创立的 AI 绘画工具。它基于人工智能技术，可以根据用户输入的文字描述或关键词，快速生成与之相对应的图片。整个过程耗时约一分钟，而且无须安装任何软件，只需通过浏览器访问 Midjourney 的官方网站即可使用。这款工具在推出 Beta 版后迅速获得了广泛关注。

> **我的输入：** Midjourney 通过提示词来生成图片，它接收的提示词的格式是什么？

> **文心一言：** Midjourney 接收的提示词的格式一般为："/imagine prompt: prefix, scene, suffix"。其中，prefix 用于定义图像的媒介和风格，scene 用于定义图像的内容，suffix 则用于调节 prefix 和 scene。例如，如果要以夏天的海滩为主题生成一幅画，提示词可以为："/imagine prompt: summer beach, sunbathers, bright colors"。

接下来只要输入提问"假设你是一个 Midjourney 提示词的生成器，请生成一段提示词"，那么"文心一言"将会扮演成 Midjourney 的提词好手！例如，生成一段"一家人在雪山下的草地上露营的画面"，那么"文心一言"将会返回"/imagine prompt: family, camping, snowy mountains, green grass, clear sky"。我们基于这段提示词在 Midjourney 中生成的图像如图 5-1 所示。

图5-1　基于提示词回答生成的图像

　　然而这只是最基本的提示词写法。通过对本书前面章节的学习，我们了解到Midjourney提示词的特点是具有固定的句式和语法，并且需要尽量全面的画面修饰。因此我们可以进一步训练"文心一言"写出更加复杂、高级的提示词。为此我们继续训练"文心一言"，要求其先学会Midjourney提示词的模板句式语法，例如输入"请记住Midjourney提示词的模板句式是：'画面主体 + 细节描述 + 修饰和补充 + 艺术风格 / 艺术家 + 画面色调 + 画面细节参数 + 画面尺寸'"，则AI将很快学会编写更加复杂的提示词句式。

　　我的输入：假设你是一个Midjourney提示词的生成器，请生成一段提示词，描述的画面是关于"一家人在雪山下的草地上露营的画面"。

　　文心一言："/imagine prompt: family, camping, snowy mountains, green grass, clear sky"

　　我的输入：请记住Midjourney提示词的模板句式："画面主体 + 细节描述 + 修饰和补充 + 艺术风格 / 艺术家 + 画面色调 + 画面细节参数 + 画面尺寸"。

文心一言：好的，以下是符合 Midjourney 提示词模板的句式，描述"一家人在雪山下的草地上露营的画面"：

画面主体：一家人。细节描述：在雪山下的草地上露营，搭起了帐篷，周围是绿树和鲜花。修饰和补充：远处的雪山清晰可见，天空中有白云飘过。艺术风格/艺术家：自然主义，借鉴阿尔弗雷德·西斯莱的风格。画面色调：清新的绿色和白色，带有一些温暖的黄色和橙色。画面细节参数：草地上的野花细节丰富，人物的服装和帐篷的纹理清晰可见。画面尺寸：宽度为2000 像素，高度为 1500 像素。

对应的 Midjourney 提示词："/imagine prompt: family, camping, snowy mountains, green grass, clear sky, nature, Alfred Sisley, fresh green and white with warm yellow and orange, details of wildflowers, clothing and tent texture, 2000x1500 pixels"。

再对"文心一言"灌输写提示词的技巧，具体的技巧即为本书前面章节所描述的内容，此处不再赘述，读者可以自行体验调教 AI 的乐趣。

在某些情况下，我们可能会发现 AI"词穷"了，即没有写出经验的词语，例如上面的一段话，而用户可能对某些词语或词组有偏好，这时候可以先提前指导 AI 学习词语库，再令其生成提示词语句。

例如，可以先输入"请搜索、学习单反相机摄影艺术的术语，并展现一些相机摄影质感的词汇"，确认 AI 可以正确输出专业领域词汇或术语后，再输入指令"请在上述提示词生成中加入更多和相机摄影相关的修饰，从而令 Midjourney 生成的图片更加接近相机摄影的照片"，那么 AI 将补充指定领域的术语。

我的输入：请搜索、学习单反相机摄影艺术的术语，并展现一些相机摄影质感的词汇。

文心一言：以下是一些与单反相机摄影艺术相关的术语，以及描述相机摄影质感的词汇。

（1）快门速度：快门速度是摄像器材中用来控制光线照射感光元件时间的装置。较快的快门速度可以捕捉瞬间，而较慢的快门速度则可以产生模糊效果，如流动的水或车流。

（2）光圈：光圈是一个用来控制光线透过镜头进入机身内感光面的装置。较大的光圈可以让更多的光线进入，产生较浅的景深，而较小的光圈则可以减少光线进入，产生较深的景深。

（3）感光度 ISO：感光度 ISO 是曝光三角中的一部分，是一种照相机设置，可以使照片变亮或变暗。增加 ISO 可以使照片变亮，但同时也会增加噪点。

（4）景深：景深是指在摄影机镜头或其他成像器前沿能够取得清晰图像的成像所测定的被摄物体前后距离范围。较小的光圈可以产生较深的景深，而较大的光圈则可以产生较浅的景深。

（5）白平衡：白平衡是描述显示器中红、绿、蓝三基色混合生成后白色精确度的一项指标。正确的白平衡可以让照片的颜色更加真实。

总之，摄影师可以通过掌握这些术语和技巧，拍摄出更具质感和艺术感的照片。

我的输入：请在上述提示词生成中，加入更多和相机摄影相关的修饰，从而令Midjourney生成的图片更加接近相机摄影的照片。

文心一言：以下是加入更多和相机摄影相关的修饰后的提示词：

"/imagine prompt: family, camping, snowy mountains, green grass, clear sky, nature, Alfred Sisley, fresh green and white with warm yellow and orange, details of wildflowers, clothing and tent texture, 2000x1500 pixels, shallow depth of field, vibrant colors, soft lighting, bokeh effect"。

在这个提示词中，我加入了"shallow depth of field"（浅景深）来强调照片中的焦点和背景分离，增强照片的艺术感。同时，加入了"vibrant colors"（鲜艳的色彩）和"soft lighting"（柔和的光线）来模拟相机摄影中的色彩和光线表现。最后，加入了"bokeh effect"（散景效果）来模拟相机摄影中的背景虚化效果。这些修饰可以让Midjourney生成的图片更加接近相机摄影的照片。

最后我们利用不同调教阶段的AI提示词进行作画，对比效果如图5-2所示。

(a) 第一阶段　　　　(b) 第二阶段　　　　(c) 第三阶段

图5-2　基于三段提示词生图

除了直接生成提示词之外，语言模型还可以重写一段提示词、详细扩写用户的提示词、修改润色提示词、翻译提示词等，操作和生成提示词的过程类似。如果我们需要重写或者扩写一段提示词，只需要和上文一样给出提示词的撰写条件，并给出原版的提示词即可，例如输入"我已经写好了一段提示词，画面主体：一家人；细节描述：在雪山下的草地上露营，请按照上面的要求重写一段，并扩充得长一点。注意提示词的英文和中文对应"，那么AI将完成改写和扩写。

我的输入：我已经写好了一段提示词，"画面主体：一家人；细节描述：在雪山下的草地上露营"，请按照上面的要求重写一段，并扩充得长一点。注意提示词的英文和中文对应起来。

文心一言：好的，以下是按照您的要求重新编写并扩充的提示词，中英文对应：

英文提示词："Prompt: A family camping on a grassy field beneath a snowy mountain range. They have set up a tent and are surrounded by green trees and blooming flowers. In the distance, the outlines of the snowy mountains stand out against a blue sky with white clouds. Sunlight filters through the clouds, casting a warm and soft glow on the grass. The family sits around the tent, their faces filled with joy and warmth. They wear comfortable and fashionable outdoor clothing, holding various outdoor gear such as binoculars, cameras, and water bottles. Scattered on the grass are some wildflowers and fallen leaves, adding a natural touch to the scene. The color palette is fresh green and white, with some warm yellow and orange hues, creating a relaxed and pleasant atmosphere. The details of the wildflowers, clothing, and tent texture are clearly visible. The image size is set to 2000 pixels wide by 1500 pixels tall."

中文提示词："提示词：一家人在雪山下的草地上露营。他们搭起了帐篷，周围是绿树和鲜花。远处雪山的轮廓在蓝天白云的衬托下格外清晰，阳光透过云层洒下，给草地带来温暖而柔和的光照。一家人围坐在帐篷旁，脸上洋溢着欢乐和温馨的笑容。他们穿着舒适而时尚的户外服装，手中拿着各种户外用品，如望远镜、相机、水壶等。草地上散落着一些野花和落叶，给画面增添了自然的气息。画面的色调以清新的绿色和白色为主，带有一些温暖的黄色和橙色，营造出轻松愉悦的氛围。画面的细节参数包括草地上的野花细节丰富，人物的服装和帐篷的纹理清晰可见。画面的尺寸设置为宽度为2000像素，高度为1500像素。"

上述提示词在 Midjourney 中的作图效果如图 5-3 所示。

图5-3 基于扩写提示词的生图

如果希望润色或者翻译一段文本来获得提示词，则只需要输入"请回忆前文提到的Midjourney提示词的格式，然后改写这段提示词，并翻译为英文"，并在后面附上原版提示词即可。

我的输入：请回忆前文提到的Midjourney提示词的格式，然后改写这段提示词，并翻译为英文："一家人在雪山下的草地上露营。他们搭起了帐篷，周围是绿树和鲜花。远处雪山的轮廓在蓝天白云的衬托下格外清晰，阳光透过云层洒下，给草地带来温暖而柔和的光照。一家人围坐在帐篷旁，脸上洋溢着欢乐和温馨的笑容。他们穿着舒适而时尚的户外服装，手中拿着各种户外用品，如望远镜、相机、水壶等。草地上散落着一些野花和落叶，给画面增添了自然的气息。画面的色调以清新的绿色和白色为主，带有一些温暖的黄色和橙色，营造出轻松愉悦的氛围。画面的细节参数包括草地上的野花丰富，人物的服装和帐篷的纹理清晰可见。画面的尺寸设置为宽度为2000像素，高度为1500像素。"

文心一言：好的，以下是按照Midjourney提示词的格式重新编写的提示词。

英文提示词："/imagine prompt: family, camping, snowy mountains, green grass, clear sky, nature, fresh green and white with warm yellow and orange, details of wildflowers, clothing and tent texture, 2000x1500 pixels"。

中文提示词："/imagine prompt: 一家人，露营，雪山，绿草，晴空，自然，清新的绿色和白色带有温暖的黄色和橙色，野花细节，服装和帐篷纹理，2000px×1500px"。

注意：在这个改写中，我保留了原文的主要描述，但省略了一些细节，以便更符合Midjourney提示词的简洁风格。同时，我也将画面的色调和细节参数合并为一个描述，以便更简洁地表达整体的艺术风格。

> 🔵 **提示**
>
> 其他的改写需求也可以通过类似的方式实现。

5.1.3 用语言模型批量生成提示词

前面我们介绍了如何调教语言模型生成AI绘图的提示词，每次生成需要输入一段对话指令以及和提示词相关的部分内容来获得，然而在大量作图的时候需要更高效地获得提示词，有什么加速的办法吗？显然是有的！正如前面所说，AI语言模型经过调教后可以适应按一定规则生成文本，那么"AI根据用户输入的提示词关键内容和规则生成完整提示词"本身也是一个规则，也可以被调教给AI，从而使AI成为一个可以批量生成提示词的工具。换言之，我们可以让 AI 吸收尽可能多的、尽可能复杂的规则，这样我们只需要输入更少的关键词就能获得提示词，而且可以一次性获得不同的提示词，就如同预设了许多生词指令，一次性全部运行一样。下面我们详细介绍如何实现这样的功能。

首先我们需要强化 AI 语言模型的角色设定，指定输入"你将扮演一个可以将关键词或概念词转化为一段提示词的机器人，所转换的提示词需要符合 Midjourney 用于 AI 作图的格式和语法要求，如同前面所调试的一样"，并且限定和用户交互的方式为接受少量关键词，"你将要求用户提供一个关键词，然后返回一段 Midjourney 作图的提示词文本，并翻译为英语"。

下面进行演示，我们简单地输入"你将扮演一个可以将关键词或概念词转化为一段提示词的机器人，所转换的提示词需要符合 Midjourney 用于 AI 作图的格式和语法要求，如同前面所调试的一样。每次我将提供一个关键词，然后你需要返回一段 Midjourney 作图的提示词文本，并翻译为英语"，再输入一段概念词"湖边的篝火晚会"，那么 AI 将会返回一段提示词。

> **我的输入**：关键词：湖边的篝火晚会。

> **文心一言**：提示词文本：/imagine prompt: 湖边的篝火晚会，火焰跳跃，湖水荡漾，人们欢声笑语，围绕篝火载歌载舞，星空下的宁静夜晚。
> 翻译为英语：/imagine prompt: A bonfire party by the lake, with flames dancing, rippling water, people laughing and singing, dancing around the fire under the starry night sky。

由于此时对 AI 的生词限定还比较少，因此可能生成各式各样风格的提示词。为了进一步限定，我们需要结合使用场景，提供若干样例给 AI 参考。

> **提示**
>
> 由于不同的语言模型的生成和模仿能力不同，如果在"文心一言"中没有获得预期的效果，可以考虑继续调教 AI，或者切换到另一个语言模型进行尝试，例如 ChatGPT 等。

5.2 Upscale让AI图像更清晰

图像清晰度受到分辨率的影响，分辨率是指每英寸图像内有多少个像素点，分辨率的单位为 PPI(Pixels Per Inch), 通常叫作像素每英寸, 包括水平像素数和垂直像素数。而另一个常见概念"图像尺寸"则是指图像的水平垂直两个方向上的像素个数。可见图像的分辨率越高, 则尺寸越大, 能描述的画面细节越丰富。

在 AI 作画的时候我们需要关注模型允许的生成分辨率, 通常更高分辨率的输出意味着需要更多计算资源, 如果是在个人电脑上运行的模型则需要更强大的显卡。当 AI 模型生成的分辨率不能满足使用需求的时候, 我们可以借助其他工具提升生成图像的分辨率。

5.2.1 AI作图的分辨率限制

首先我们需要了解 AI 作图的分辨率。根据第 1 章提到的计算机视觉基础, AI 作图等于计算出一个尺寸不小于输出图像尺寸的矩阵(因为可能存在裁剪尺寸的操作, 因此计算矩阵不会小于最终的图像尺寸), 因此输出高清图像对 AI 模型而言意味着消耗更多的计算资源和时间。事实上分辨率是影响 AI 作图性能最重要的因素, 相应地, GPU 性能是影响 AI 作图分辨率最重要的因素。更强大的GPU 具有更高的内存带宽和更多的显存, 可以更快地生成稳定的扩散图像, 尤其是在更高分辨率的情况下。

那么 AI 作图时需要使用多大的分辨率和显卡呢? 如果使用类似 Midjourney 的在线服务, 由于计算资源是供应商在云计算机房部署的, 因此我们不需要也无法调整, 所能使用的最高分辨率就是软件允许的最高分辨率, 只是生图的时间会相应地延长。也就是说, 如果软件不支持 8K 高清输出分辨率的话, 即使在提示词指令(Prompt)中写上"8K"的字段, 也无法生成真正的 8K 分辨率高清图, 但生图的细节(纹理等)可能会更清晰, 但这不是因为分辨率提高带来的。

但如果是用户在个人电脑上进行配置的话, 则需要考虑显卡和生图分辨率的关系。GPU 上的显存数量决定了可以生成的最高分辨率图像, 如果使用低显存显卡来进行高清生图的话, 首先会面临显存超额的问题导致生图失败, 其次即使可以生图, 也会因为计算量超负载导致显卡老化加速。通常建议至少 8GB, 更高分辨率需要 12GB 或更多, 并在生图的时候从低分辨率开始尝试, 例如"512px×512px"。

为了在有限的计算设备上提高 AI 作图的分辨率上限, 存在以下几种做法。第一种是逐步生成多个"局部图像", 最后拼接在一起成为一张大图, 例如 Stable Diffusion 插件超清无损放大器 StableSR 和 4x-UltraSharp, 但 Midjourney 这样的闭源站点可能没有插件可用; 第二种是基于"扩图"模式持续生图, 即在软件中生成第一张图后, 通过指令要求 AI 往上、下、左、右四个方向扩展, 补全缺失的部分; 第三种是在完成生图后, 通过软件单独扩大图像的分辨率，使其更加清晰。其中，第三种方法最通用，不管是通过什么方式和平台生成的 AI 绘画都可以使用，下文将进行介绍。

5.2.2　提升图像分辨率的工具介绍

能够提升图像分辨率的软件和在线网站有很多，首先推荐使用在线网站，不需要下载到本地安装，随时可用，比较方便。

（1）Bigjpg。这个网站有插画和照片两种增强形式可供选择，如图 5-4 所示。它是通过神经网络针对放大图片的线条、颜色、网点等特点，做了特殊的算法调整，所以放大效果非常出色，而且色彩保留较好，图片边缘也不会有毛刺和重影。更重要的是，在放大的图片上噪点很少。目前免费版可上传 3000px×3000px 和大小不超过 5MB 的图片，已经足够日常使用了。

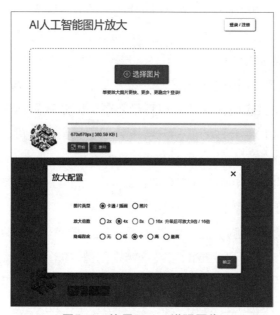

图5-4　使用Bigjpg增强图像

（2）PixFix。PixFix 操作更加便捷，上传图片后即能一键增强图像，如图 5-5 所示。PixFix 能搞定图片压缩失真，清理 jpeg 图像压缩失真、颗粒感扫描和其他图像噪声等问题，同时保留锐边和其他细节。插图在清晰度处理上一般，但是处理速度较快。

由于在线网站需要考虑盈利，提供的免费功能往往性能有限，因此下载安装的离线工具可能会有更好的效果。

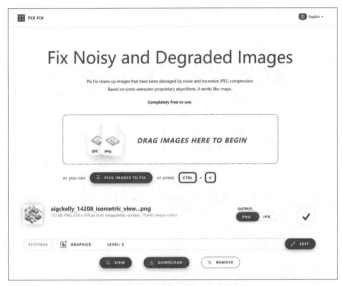

图5-5　使用PixFix增强图像

　　Upscayl 是其中的典型代表，它是一个免费的开源 AI 工具，用于图像放大，如图 5-6 所示。主要特点和优势包括：兼容各种操作系统，包括 Mac OS、Linux 和 Windows；提供易于使用的操作界面，用户只需上传图像和简单选择模式即可；利用高级 AI 算法提升分辨率，性能优于传统算法。

图5-6　使用Upscayl增强图像

下面我们以一张由Midjourney生成图像为例，对比展示初始图片与增强图像后的分辨率差异，如图5-7所示。

图5-7 图像增强前后分辨率对比

5.2.3 Midjourney结合Upscayl的应用

在实际应用中我们可能遇到的情况是，Midjourney（或其他AI画图工具）所能绘制的图像已经达到了工具所支持的最高分辨率，但依然无法满足实际使用的需求，例如巨幅海报、Logo图像、超清细节纹理等，此时我们可以考虑利用Upscayl提供后期处理，流程示例如下。

首先，我们通过Midjourney绘制一张扁平插画。然后，将生成后的图像放大，会发现Midjourney产生的图像存在边缘锯齿的问题。通过Upscayl放大图像，并对比前后两张图的局部效果，会发现增强后的图像明显更加清晰，轮廓更加光滑，如图5-8所示。

图5-8　图像增强前后图片质感对比

5.2.4　通过矢量图放大获得超清效果

　　如果需要无限放大 AI 图像，即转为矢量图，则关系到图像格式的问题。由于 AI 产生的图像是位图，也称为点阵图像，它是由许多像素点组成的。每个像素点都有自己的颜色和位置，这些像素点以一定的规律排列，通过这种方式来描述图像。这种图像的每个像素都是固定的，一旦放大就会加大像素之间的间隙，从而导致锯齿状和模糊的视觉效果。相对地，矢量图是根据几何特性来绘制的图像，使用线段和曲线来描述，因此无论放大多少倍都能保持图像不同区域之间的相对关系和边缘。矢量图主要用于标示标识、图标、Logo 等简单直接的图像，而不擅长表现逼真、画面元素复杂的实物场景。

　　因此，在使用 AI 生成动漫 IP、Logo 等简单画面的时候，可以借助矢量图转换来获得无限放大的超清效果。例如，我们可以通过在线网站 vectorizer 进行图像转为矢量图的操作，如图 5-9 所示。

> 👤 **提示**
>
> vectorizer 可以生成 svg 的矢量图无限放大图像，也可以生成 eps 格式转入 Adobe AI 中继续编辑。

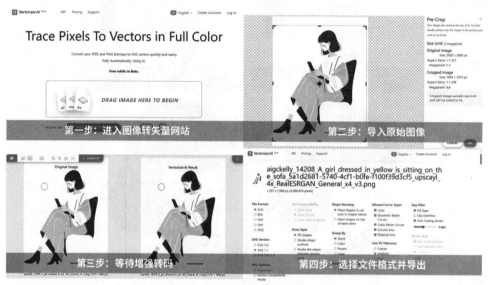

图5-9　使用vectorizer转矢量文件

5.3 根据AI图像生成视频

当前大多数 AI 软件都不支持直接根据文字生成 AI 视频，已经实现的功能多数是基于文字生成或搜索图像再拼接成的"幻灯片式"的视频，而并非连续、自然的动态画面。下面介绍一些基于图像生成动态画面（视频片段）的工具，可以在某些情况下实现 AI 生成视频的效果。

5.3.1 图像转视频的简介

基于图像转视频的技术在计算机视觉的研究领域已经存在多年，但截至今天依然鲜有成熟可落地的应用。例如，2020 年由 Keunhong Park 等人发表的论文 *Nerfies: Deformable Neural Radiance Fields* 即展示了利用拍摄图像转成动态视频的片段的 demo，但动态程度和时长比较短，类似 iPhone 手机的 live 照片；2022 年，谷歌等机

构发表论文 *Infinite Nature-Zero Learning Perpetual View Generation of Natural Scenes from Single Images*，实现基于一张风景照合成类似无人机低空航拍的视频，生成的视频具有高分辨率和高质量，这是前所未有的突破性能力；2023年CSM公司发布最新3D模型生成技术，通过输入文字或图片就可以让AI生成3D模型，虽然生成的模型还比较粗糙，但由于要求的输入非常简单，已经算是巨大的突破。如果希望体验上述技术，读者可以自行搜索访问相关网站，体验demo效果。

相比于实景图片转换，二次元图像转换视频的技术成熟很多。这是由于二次元图像的前景背景分明、画面元素相对简单，容易进行画面局部生成。一个简单易用的在线工具"Animated Drawings"，用户只需在网站上进行操作即可获得一段动画视频。

5.3.2　案例演示

首先需要选择一张图像上传，然后网站会扫描并识别出活动主题的"骨骼"以虚拟出一个可以活动的"人"或者类似人的角色，如图5-10所示。如果觉得网站的识别不准确，还可以手动调整"关节"。

图5-10　将IP形象上传并调节骨骼

完成骨骼建模后，就可以在网站上选择合适的动作，比如"奔跑""跳跃"等，如图5-11所示，这样这个对象就可以开始在画面上运动了，就好像你亲自制作了活动的动画一样！这些通过动画关键帧技术也可以实现，但AI大大降低了制作门槛并解决了大部分时间。通过这种方式，可以将孩子的涂鸦，或者是Midjourney生成的表情包变成动画视频，还可以进一步导出到电脑上进行后续的加工操作。

图5-11　IP形象动态视频截图

5.4 〉其他常用的相关辅助工具

除了上述专用的辅助工具外，还有很多好用的小工具，这些工具将帮助你在日常操作中事半功倍。本小节主要介绍三个绘图工具，分别用于图像编辑和后处理、在线AI绘画、提示词检索。

5.4.1 基于Clipdrop的AI绘图操作

Clipdrop是一款广受欢迎的AI图像处理应用，用户可以在线使用，如图5-20所示。Clipdrop的母公司init ML已被Stability AI公司收购，后者是著名的AI图像生成模型Stable Diffusion的母公司。因此，Clipdrop在其最新版本中集成了Stability AI最新推出的图像生成模型Stable Diffusion XL。Clipdrop提供了8个主要功能，包括移除画面元素、移除背景、移除文字、重新打光、重新生成画面等，这些都是日常图像处理中非常实用的功能，通过Clipdrop可以很容易处理带有瑕疵的照片，或者将照片修改为符合社交媒体传播的状态，下面我们将选择该网站中最常用的功能进行介绍。

（1）CLEANUP。通过简单的涂抹，快速清除图片中多余的文字、物体，如图5-12所示。

（2）REMOVE BACKGROUND。一键清除图片背景，达到抠图、移除图片背景的效果，如图5-13所示。

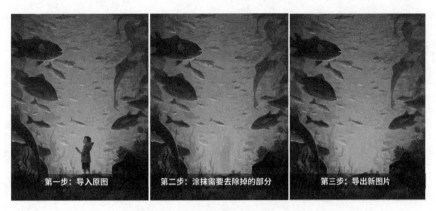

第一步：导入原图　　第二步：涂抹需要去除掉的部分　　第三步：导出新图片

图5-12　Clipdrop消除工具

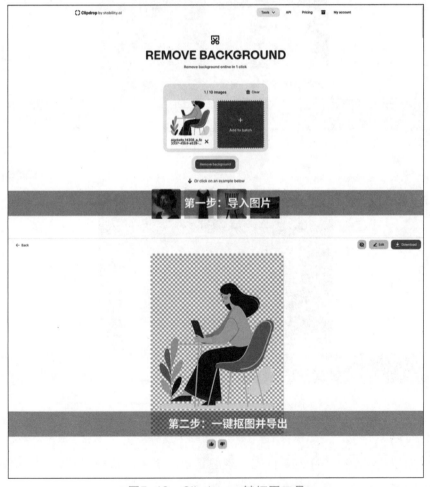

图5-13　Clipdrop一键抠图工具

（3）TEXT REMOVER。消除画面中的文字内容，并补全对应区域的像素使画面看起来自然，如图 5-14 所示。

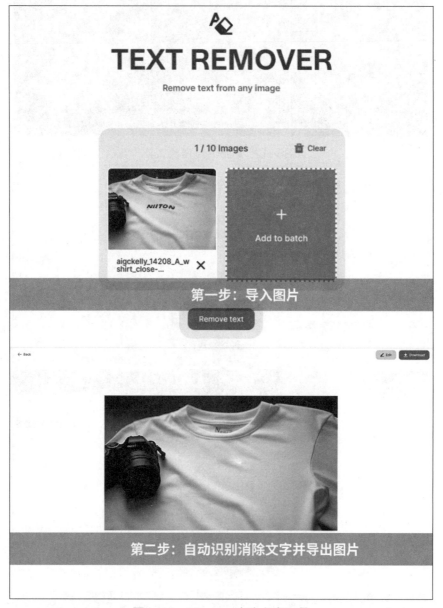

图5-14　Clipdrop消除文字工具

（4）RELIGHT。对图片重新打光，意思是可以任意设置光源的数量、位置、颜色、以及光源的范围、亮度，使照片更加立体、生动，如图 5-15 所示。

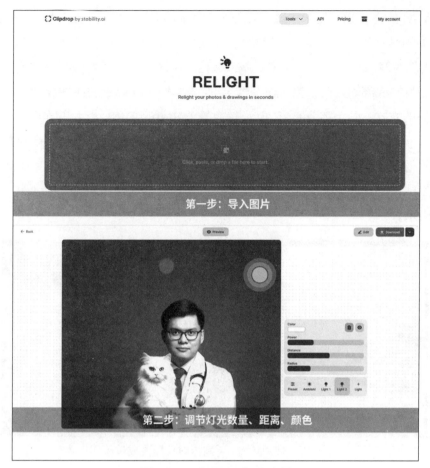

图5-15　Clipdrop打光工具

5.4.2　基于Vega AI平台的绘图操作

类似 Midjourney 和 Stable Diffusion，Vega AI 也是一个 AI 绘图工具。但不同的是，Vega AI 主要面向国内用户，而且主打的是创作平台，主要为用户提供 AI 绘画的在线服务（也就是更接近 Discord 的形态）。

Vega AI 支持多种使用模式，包括文字生成图片、根据"图片 + 文字"进行生成图片、条件生成图片、根据多张图片训练出自己的风格等，也可以在广场选择他人制作的生图模型（不同模型具有不同创作风格）。对于使用 Midjourney 和 Stable Diffusion 的读者而言，Vega AI 会是一个非常好的"汉化版平替"产品。当然国内类似 Vega AI 的平台型网站还有很多，读者可以自行搜索体验。

Vega AI 的主页相对复杂一些，左侧是功能模块列表，展示了五大主要作图模式以及风格相关的导航。通过选择不同的模式，用户可以进入对应的操作界面，但大同小异。以"图生图"为例，界面中央是作图区域，包括上传区域和出图区域，最开始用户在这里上传图片，并在底部输入框中输入作图提示词。和 Midjourney 将生图参数全部写入提示词作为后缀的方式不同，Vega AI（以及其他基于 Stable Diffusion 的作图平台）选择将控制参数可视化，作为按钮和选项单独陈列在右侧的工具栏中，还可以看到有很多可选的"风格"，这些风格就是生图时会用到的模型。完成输入后，用户只需单击底部输入框旁边的"生成"按钮即可开始生图，结果将会展示在中央区域，还可以放大进行查看，如图 5-16 所示。

图5-16　使用Vega AI室内线稿图生成渲染图

如果觉得 Vega AI 提供的风格不能满足自己的需求，可以单独训练自己的风格。单击左侧菜单栏中的"风格定制"即可进入训练页面。根据提示，用户需要上传满足主体明确、风格一致、分辨率大于 512×512 等要求的图片，数量在 10 ～ 80 张，然后就可以等待网站服务商完成训练，而不需要依赖自己电脑上的资源，这对于轻度用户和初次体验的用户来说非常友好。完成后，即可使用自己训练的风格进行生图了。

5.4.3　提示词工具网站

前文已经提到语言模型是非常有帮助的提示词助手，然而由于语言模型不是专门为 AI 作图构建的，因此在专业术语方面可能还存在不足，或者需要经过复杂的调教才能引导 AI "说"出来。在这样的情况下，一些直接大量展示好用的提示词的网站就可以成为有力的补充。

（1）Lexica。网站首页既可以看到丰富的图片案例以及详细的模型参数，又可以直接复制咒语应用，还可以用网站内搜索引擎搜索关键词查找图片，如图5-17所示。

图5-17　Lexica网站操作提示

（2）Andrei Kovalev's midlibrary。网站内收集了超过2000多个流派和艺术家风格，包括一些优质 AI 绘图教程等实用资料，如图5-18所示。

（3）AI 画廊。进入网站后，通过输入中文描述词并单击选择需要的风格、光线、照相机参数、艺术家、颜色、材质等，就可以直接生成所需要的完整 Prompt。

（4）Monvy。提示词拆解翻译网站。粘贴一整段英文提示词，可以自动将提示词的内容进行拆解并翻译，使使用者能够一目了然地理解提示词结构与内容，傻瓜式交互，如图 5-19 所示。

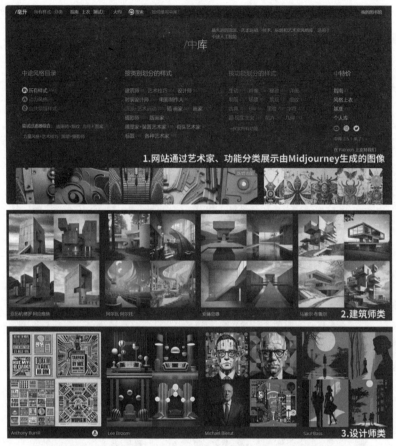

图5-18 Andrei Kovalev's midlibrary网站操作提示

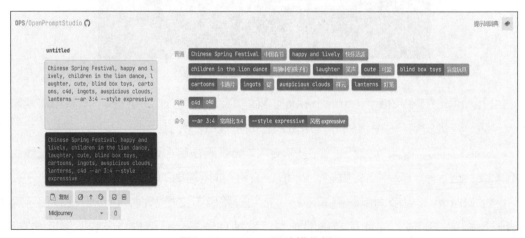

图5-19 Monvy网站操作提示

5.5 本章小结

在本章中，我们主要接触了各类可以辅助 AI 作图的实用工具和网站，包括辅助生成提示词的、修饰 AI 生成的图片的、基于 AI 生图进行二次创作的等。通过本章的学习，希望给读者传递的经验是，AI 作图并非局限于作图 AI 本身，为了创造出更加优秀和完美的图像，我们可以利用更多炫酷的工具，甚至许多传统的图像编辑工具进行优化，例如 Adobe Photoshop 和美图秀秀等，尽管部分工具因为比较基础和常规而没有被介绍到。希望读者可以发挥想象力，充分挖掘自己的创作潜能，利用好各式各样的工具，基于 AI 创作出满意的作品。

截至目前，本书已经介绍了 Midjourney 本身，以及和 Midjourney 作图有关联的部分。通过前面章节的学习，读者应该对 AI 作图的相关操作有了基本而相对全面的认知。在本书后续的章节中，将着重结合案例，为读者展现现实中使用 Midjourney 的魅力！

CHAPTER SIX

第 6 章

Midjourney 面向品牌 IP 创作的应用实践

...

在前面的章节中，我们已经了解到Midjourney的基本操作，以及一些高级用法，相信大家已经可以利用AI创作出精美的图画了。从本章开始，我们将着重介绍AI绘图工具的落地应用，并结合大量实战案例，详细介绍流程，手把手教大家如何化AI为生产力！本章将聚焦面向品牌IP相关的创作实践，包括Logo、IP形象、故事绘本等。

本章主要涉及的知识点有：

·了解AI绘画在品牌IP创造中的作用。

·学习运用Midjourney创作Logo：从分析品牌调性入手，撰写合适的提示词，利用AI生成理想的Logo图片，并在样机上体验AI创作的效果。

·学习运用Midjourney创作品牌IP形象：了解IP形象作为新兴的宣发载体，可以通过AI来完成品牌形象到虚拟角色的具象化，并最终形成海报等宣传品。

·学习运用Midjourney创作品牌IP表情包：通过AI来批量生成体现品牌IP形象的图片，巧妙借助工具来优化和添加文字，就可以快速制作整套表情包了。

·学习创作品牌故事绘本：了解如何结合语言模型生成符合品牌背景的文字故事，再利用Midjourney生成图片，从而组合为完整的IP故事绘本。

6.1 Midjourney与品牌IP创作简介

6.1.1 Midjourney与品牌IP创作的关系

Midjourney作为一种强大的图像生成工具，与品牌IP创作领域具有显著的契合性。首先，Midjourney可以根据品牌的需求和特性生成高度个性化的图像、标识和设计元素。无论是传达品牌核心价值观、吸引特定目标受众，还是推出新产品等方面，创作者都能够通过AI绘画工具更灵活地塑造品牌形象。另外，Midjourney的生成能力允许品牌IP创作者快速迭代和测试不同设计方案，从而更容易找到最佳解决方案。这种效率和灵活性是品牌IP创作过程中的重要资产，因为品牌必须不断适应市场趋势和变化的需求。

6.1.2 Midjourney对设计工作流的变革

回顾第1章中关于AI工作流的论述，将Midjourney等AI绘图工具引入品牌设计工作流程中，会发现其对旧有的工作流产生了巨大的革新，如图6-1所示。传统设计工作流在确认需求后首先需要大量的手工绘图和修改，而AI可以加速这个过程，提高效率。设计师可以使用AI生成的图像和元素作为起点，然后做进一步的优化和个性化，并且由于速度快而允许随时接受反馈并进行修改，远比从零开始创作更加高效，更适合互联网环境下的"敏捷开发"理念。此外，AI在设计工作流中可以提供创新的元素，AI所生成的复杂画面甚至可以超过许多人类设计师的水平，创造出令人惊叹的视觉效果。这可以帮助品牌吸引更多的注意力，与竞争对手拉开差距。

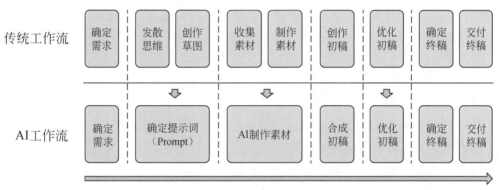

图6-1　设计工作流变革示意图（虚线和向下箭头指示了AI替代的环节）

具体在品牌IP创作的情境下，Midjourney等AI绘画工具将抽象、复杂的品牌调性和品牌故事，方便快捷地通过生成图像的形式呈现，而无须一个完整设计团队的支持。不管最终以什么形式去体验品牌IP，都能通过这样的视觉体现快速掌握设计预期效果。此外，由于作图效率较高，这缩短了品牌形象制定者（往往是企业高管）和设计创作者（往往是设计团队）之间的沟通时间成本，甚至制定者本身就可以快速体验，更能保证最终成品对品牌理念的恰当描述。由此可见，品牌IP将成为AI绘画大显身手之处。

6.2　运用Midjourney创作品牌Logo

在本节，我们将深入探讨如何使用Midjourney来实现品牌Logo的设计。创作过程涵盖品牌Logo设计需求确定、风格特性分析、Prompt撰写和调整、图样确定、图像矢量化操作以及最后的多样场景运用展示等环节。品牌Logo是品牌最重要的形象体现之一，具有一定的设计难度，让我们看看Midjourney是如何降低它的设计门槛的。

6.2.1 分析需求确认品牌Logo特性

品牌 Logo 是品牌形象的基础，设计中最重要的是体现品牌名字、形象和理念等关键信息，因此需要与品牌创作者等人员进行密切的沟通，了解他们的设计需求，确认核心需求关键词。

1. 沟通需求

这个阶段的目标是确保我们充分理解品牌的核心价值观、目标受众和所处行业。沟通包括面对面会议、问卷调查或市场分析等。总之，我们需要通过沟通确认包括但不限于以下的一系列问题。

- 品牌的定位是什么？
- 品牌的目标受众是谁？
- 品牌的核心信息是什么？
- 品牌的风格和调性是怎样的？
- 是否有任何特定的元素或符号必须包括在 Logo 中？

只有充分沟通后才便于开展设计工作。

2. 确认需求

在实战案例中，让我们演示这样一个设计场景，品牌方是一家名为 Cat Cuisine 的高品质有机猫粮制造商，它们的品牌信息和需求如下。

（1）它们致力于提供健康、美味的猫粮，不含任何添加剂或人工成分。

（2）品牌的宗旨是为猫咪提供最佳的营养，同时关注可持续性和环保。

（3）品牌的目标受众是年轻的养猫人士，特别是注重猫咪健康和幸福的养育者。

（4）品牌的风格和调性是自然、健康和可爱。

（5）希望在 Logo 中包含猫咪图标或轮廓以及其他自然元素。

> 🔲 提示
>
> 请读者合上述思考一下，如果是你来主持设计，会怎么做？会设计出怎样的画面呢？接下来我们看一下 Midjourney 创作模式的做法。

6.2.2 撰写提示词并生成Logo

基于前一个步骤的沟通，我们可以总结出"极简风格、年轻群体、自然可爱、猫咪元素"是品牌方的重点需求。当然还可以有其他总结方式，总结出来的不同关键词会导致不同的创作结果，因为接下来需要利用这些关键词进行 AI 作画。

由于几个抽象词汇还不足以描述具体画面，因此需要根据关键词撰写更详细的 Midjourney 提示词（Prompt），以引导 AI 生成 Logo 的设计草图。Prompt 的撰写很关键，因为它将直接影响生成结果。我们需要使用清晰、具体的语言来描述 Logo 的要求，包括颜色、形状、风格等。在这一步，通常需要多次调整 Prompt，以确保它准确地反映了品牌 Logo 的需求。

根据总结的关键词，我们可以先设立提示词公式，如"主体 +Logo+ 元素 + 风格 + 艺术家 + 修饰词"，通过尝试不同提示词内容对 AI 绘图进行调整。

以线条组成的品牌 Logo：Logo design, cat with grain, line art, simple lines, minimum thick line Logo, thick and simple strokes, yellow and brown, graphic illustrations（Logo 设计，猫和谷物，线条艺术，简单的线条，最小粗线标志，粗和简单的笔触，黄色和棕色，图形插图）。还可以调整提示词来改变 Logo 色彩，如图 6-2 所示。

(a)　　　　　　　　(b)　　　　　　　　(c)

图6-2　一些Midjourney生成的Logo图

（1）我们尝试以 Graphic 风格为例，生成以图形为主的品牌 Logo。Logo design, flat vector graphic, cat with grain, simple minimal（Logo 设计，扁平图像，猫和谷物，极简），如图 6-3 所示。

图6-3　一张图有各种风格的Logo

（2）尝试以公司首字母"C"作为 Logo 主体。letter C Logo, cat with grain, lettermark, typography, vector simple minimal（字母C标志，带颗粒的猫，字母标记，排版，矢量简单最小），如图 6-4 所示。

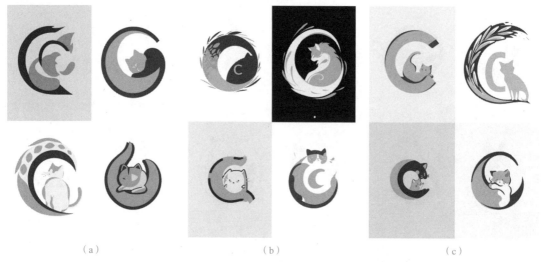

图6-4　一张图有各种风格的Logo

根据以上提示词生成的 AI 图像中，可以挑选出一项最符合甲方需求的作品，我们可以优中选优。首先将其衍生（Midjourney 变体）获得多个相似图，并选择一张最合适的放大，再进行后期操作，如图 6-5 所示。

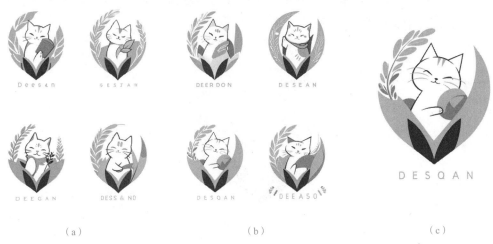

（a）　　　　　　　　　　　（b）　　　　　　　　　　　（c）

图6-5　一张图有各种风格的Logo

6.2.3　Logo后期优化排版

确认 Logo 的初步设计后，我们需要进行一系列后期优化调整的工作。

第一步：提高图像分辨率。将图像保存到本地电脑，并导入第 5 章提到的图像增强分辨率软件 upscayl 中，导出分辨率更高的图像，操作界面如图 6-6 所示。

图6-6　一张图有各种风格的Logo

第二步：图像美化。将图像中色彩变化不合理的地方调整优化细节，并将品牌名排版添加至 Logo 图样中，如图 6-7 所示。

图6-7　经过修饰的Logo图

第三步：图像矢量化。由于 Logo 图作为一种可能面临各种用途的特殊素材，需要具备超高清或无限放缩的特性，因此需要制作为矢量图。我们可以将图像导入在线网站或图片矢量化工具中（这里我们使用 https://vectorizer.ai，但还有其他网站和工具，读者可以自行搜索），一键完成图像矢量化，并改变图像文件为 svg 格式（一种矢量图格式），以确保 Logo 可以在不同大小和媒体上保持图像质量，如图 6-8 所示。

（a）原图和矢量图对比　　　　　　　　　　（b）图片格式选项

图6-8　Logo图矢量化的示意图

6.2.4　样机样式展示

转为矢量图后，品牌 Logo 可以应用在各类场景之中，我们以下列场景为例展示。

（1）品牌产品包装。如图 6-9 所示。

图6-9　Logo图在猫粮包装袋上的展示效果

（2）产品周边赠礼。如图 6-10 所示。

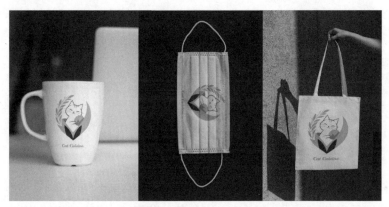

图6-10　Logo图在猫粮商店产品周边上的展示效果

6.3　运用Midjourney创作品牌IP形象

在本节，我们将探讨如何运用 Midjourney 等 AI 作图工具来创作品牌 IP 形象这一创新的品牌推广方式。这个过程包括分析 IP 风格的需求、根据需求撰写 Prompt、后期优化 AI 生成的图像、生成 IP 形象衍生的品牌海报设计等内容。

6.3.1　分析需求确定IP风格

延续 6.2 节所用案例的情境设定，为 Cat Cuisine 设计 IP 形象。首要任务依然是分析需求，以明确品牌 IP 的风格特点。这一步骤涉及市场调研、与品牌方和目标受众互动，以获取关于 IP 应呈现的核心信息。关键问题示例如下。

○ IP 的目标受众是谁，是儿童、青年还是特定主题的粉丝？

○ IP 的核心概念和主题是什么，是科幻世界、卡通角色，还是历史时期？

○ IP 应呈现的情感和调性是怎样的，是欢快、神秘还是其他情感？

○ IP 的图像要素，如角色、道具、背景等，有哪些关键特点？

通过寻找上述关键问题的答案，可以深挖客户需求，为使用 Midjourney 进行 AI 绘画梳理思路，以确保生成的 IP 形象与品牌方的期望一致。经过与品牌方的沟通，确定需求如下。

（1）需要制作一个拟人化的猫咪 IP 形象。

（2）受众是购买猫粮的年轻顾客。

（3）核心概念是希望通过以拟人化的猫咪为主的 IP 形象，展现其健康、活泼、充满生命力的特点。

（4）情感基调应是打造温馨自然的原野氛围。

（5）角色道具按照背景自行配置。

后续设计将基于此展开。

6.3.2 撰写提示词并生成设计图

接下来，我们将 IP 形象的核心内容进行梳理，并撰写不同的提示词进行尝试。首先确定 IP 形象类提示词撰写公式一般为"主体角色＋背景＋视图＋IP 形象关键词"。Prompt 的撰写是一个循序渐进的过程，通常需要多次地尝试和微调，以确保它准确地表达 IP 的要求。下面展示提示词的撰写和调整过程，以及对象的绘图效果。

（1）提示词一：a super cute orange cat, wearing a basketball suit and holding a basketball, with watery big eyes, wearing pilot glasses, a simple white background, full of vitality, front, side, back three views, bubble matt style, super cute IP image, physical blind box image, Disney style, fine gloss, 3D rendering, OC rendering, best quality, 8K(一个超级可爱的橘猫，穿着警察套装，拿着一个对讲机，水汪汪的大眼睛，戴着飞行员眼镜，简单白色的背景，充满活力，正面、侧面、背面三视图，泡泡马特风格，超级可爱的 IP 形象，实物盲盒形象，迪士尼风

格，精细光泽，3D 渲染，OC 渲染，最佳质量，8K)，如图 6-11 所示。

图6-11　IP形象的AI绘图示例

（2）提示词二：blind box animal cute cat, 3D image, green orange, fashionable and trendy, backpack, sneakers, full figure, delicate features, holographic, full body, three view cartoon image, generate front view, side view, back view three view, keep consistency and uniformity, clean background, natural light, 8K, best quality, super detail, 3D, C4D, Blender, OC rendering, super detail --ar 16:9(盲箱动物萌猫，3D 图像，绿橙，时尚潮流，双肩包，运动鞋，丰满，精致五官，全息，全身，三视图卡通图像，生成正面、侧面、背面三视图，保持一致性和均匀性，干净的背景，自然光，8K，最佳质量，超级细节，3D，C4D，Blender，OC 渲染，超级细节)，如图 6-12 所示。

图6-12　IP形象的AI绘图示例

（3）由于提示词二的效果还可以，因此重复生成一次。如图 6-13 所示。

图6-13　IP形象的AI绘图示例

品牌方认为图 6-13 中的 IP 形象更加生动可爱，于是将基于此结果继续优化。

6.3.3　后期优化AI出图

Midjourney 生成了 IP 形象的初步图像，但还需要进行后期优化，包括审查生成的图像、检查是否符合品牌的所有要求，并对不满意的部分进行改进。我们可以使用图像编辑工具来微调和增强图像，如 Adobe Photoshop。这个过程有助于确保生成的图像在视觉上更吸引人、更一致，与IP形象的预期风格相符。一些编辑示例如图6-14～图6-16所示。

图6-14　使用Midjourney的vary（region）功能，调整IP形象的侧面、背面图像

图6-15 使用Photoshop软件将IP形象的三视图放在一起

图6-16 使用clipdrop的一键抠图功能去除图像的背景，便于后续贴图应用

在完成图像编辑后，基本上算是完成IP形象设计了。下面我们展示如何在宣发工作中使用生成的IP。

6.3.4 保持IP一致性的品牌海报设计

本节展示如何将生成的IP形象整合到品牌海报设计中。由于前面生成的IP只是基本状态，在许多宣发载体和设计场景中直接使用会显得生硬、不合适，因此还需要进行应用前的调整。

第一步：IP形象微调。由于原版IP形象是无动作无状态的，因此可以考虑借助Midjourney的vary功能对局部进行微调，例如条件是一把吉他、显示出猫咪的尾巴等，如图6-17所示。

图6-17　使用Midjourney的vary（region）功能修改IP的局部画面

第二步：生成修改背景。在宣传物料中，除了品牌IP，还需要一个展示的场景作为背景。在海报中，我们可以选择以草地上的音乐会或者露营地为背景场景，并使用Midjourney等AI作图工具生成背景，也可以找到合适图片后修改为背景，如图 6-18 所示。

图6-18　生成海报的背景图

第三步：合成排版，形成海报。最后需要将IP形象和生成的背景图整合在一起，并尽量显得自然不违和。当然一个完整的宣发海报还可以有很多其他要素，例如文字内容、二维码和其他图像要素等，这些可以根据实际要求进行添加。一个简单的海报整合流程如图 6-19 所示。

图6-19　整合生成海报的流程和效果示意图

6.4 > 运用Midjourney创作品牌表情包系列

在这一节，我们将探讨如何使用Midjourney创作品牌表情包，这是一种具有创意和趣味性的品牌推广方式。类似前面的创作包括分析表情包创作的需求、了解表情包的风格类别、撰写Prompt并不断调整、后期优化AI生成的图像，以及使用排版工具添加文字。

6.4.1　分析表情包创作需求

创作表情包系列的第一步是分析创作需求，以明确表情包应该传达的信息和情感。这个阶段需要与品牌方沟通，以了解他们的需求和目标。关键问题示例如下。

> ○ 表情包的目标受众是谁？是青年学生、职场人士还是特定社交群体？
>
> ○ 表情包应该传达什么情感和信息？是幽默、亲和力还是专业性？
>
> ○ 是否有特定的话题、活动或品牌故事需要在表情包中呈现？
>
> ○ 是否需要特定的人物、角色或符号在表情包中出现？
>
> ○ 表情包的数量和种类是什么？是一组常用表情，还是一系列特定主题的表情包？

类似前面Logo创作和IP形象创作阶段，我们调研交流后获得了目标需求：

（1）希望以表情包为介质拉近与客户的关系。

（2）以IP形象为例制作一组16张可爱、休闲的以爱宠日常为主的表情包内容。

（3）传递品牌健康、自然的风格调性。

因此后续的创作绘图将基于此展开。

6.4.2　撰写提示词并生成设计图

　　我们将前面生成的IP形象作为垫图输入Midjourney，并撰写相关提示词。同样由于需要不断调整，下面给出多个示例以供对比。

　　（1）直接用提示词生成表情包。a cute orange cat, multiple poses and expressions, angry, happy, coquettish, as an illustration set, in the style of bold manga lines, dynamic pose, dark white, chalk --niji（一只可爱的橙色猫咪，多种姿势和表情，愤怒、快乐、妖艳，作为插画集，以大胆的漫画线条风格，动感的姿势，深白色，粉笔），如图 6-20 所示。

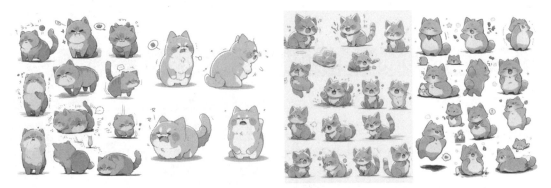

图6-20　生成的表情包

　　（2）垫图 IP 形象后再次生成。采用和前面相同的提示词，如图 6-21 所示。

图6-21　垫图后生成的IP形象表情包

　　（3）考虑到图 6-21 右上角的效果较好，选择它并在此基础上进行变化，生成同系列的表情图像。如图 6-22 所示。

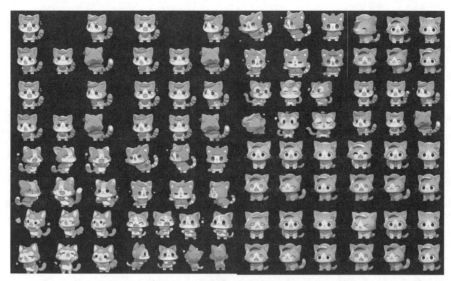

图6-22　基于一组表情包变体产生更多表情包

6.4.3　后期优化AI出图

生成系列表情包图像后，还需要挑选其中最合适、可用的表情包，并编辑优化。

第一步：挑选图像。选择不同表情与动作的 IP 形象表情，如图 6-23 所示。

图6-23　挑选出来的具有不同动作表情的图片

第二步：图像增强。例如，使用 Upscayl 提高图像的分辨率，如图 6-24 所示。

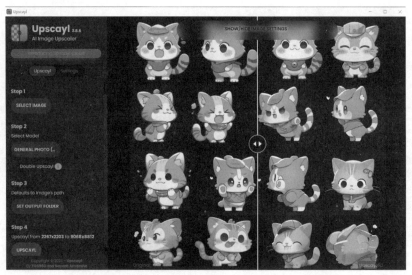

图6-24　提升筛选出来的表情图片的分辨率

第三步：图像抠图。使用 Clipdrop 的背景抠图功能，获得透明背景的 png 格式图片，如图 6-25 所示。

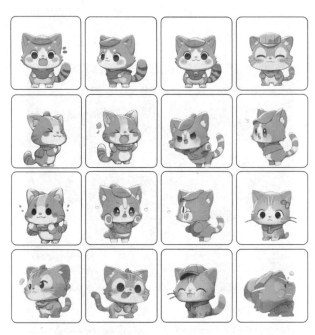

图6-25　扣除背景后获得的png格式表情包图片

6.4.4　使用排版工具加入文字

表情包通常会使用有趣的文案增强它们的表达力和幽默性，文字可以是表情包的标语、情感描述或任何与表情包主题相关的文字内容。在这一步骤中，我们可以使用排版工具，将文字添加到表情包中。使表情包更具表达力，并与品牌的目标受众产生共鸣，如图 6-26 所示。

图6-26　表情包图片添加文字后的互动性更强

6.5　运用Midjourney创作品牌故事绘本

在这一节，我们将探讨如何使用 Midjourney 来创作品牌故事绘本，包括确认品牌需求与绘本要点、结合语言模型（如"文心一言"、ChatGPT 等）生成绘本故事、生成人物和场景素材、生成故事场景以及后期合成和优化排版。

6.5.1　确认品牌需求与绘本要点

创作品牌故事绘本的第一步是确认品牌的需求和故事要点。这个阶段需要与品牌方或市场部门沟通，以了解他们的目标、品牌形象，以及希望在故事绘本中传达的核心信息。关键问题如下。

○ 故事绘本的主题是什么？是品牌历史、产品故事还是特定价值观的表达？

○ 目标受众是谁？是儿童、成人还是其他社交群体？

○ 故事中的关键信息和情感表达是什么？

○ 是否有特定的品牌元素需要在故事中突出，如标志、产品、特点人物等？

类似的，我们完成调研后，收集到品牌方的需求是，他们希望绘本的核心主题是让消费者了解猫粮原料的优质，希望猫猫们都可以吃到健康猫粮。后续创作将基于此展开。

6.5.2　结合语言模型生成绘本故事

确认绘本创作的核心需求后，需要编写一个吸引人的故事，构成故事情节。此时，我们可以利用第5章介绍的语言模型，如"文心一言"或者ChatGPT，作为编剧，生成绘本故事。

文心一言：绘本故事：《猫粮之谜的探险》

从前，有一位名叫冒险家A的勇敢探险家。他总是在世界各地寻找未知的奇迹。一天，冒险家A听说了一个传说中的地方，被称为"猫咪的乐园"。

冒险家A踏上了充满挑战的探险之旅，穿越了森林、跨越了河流，最终来到了一个隐秘的山谷。在这个山谷里，他看到了一个奇妙的景象，各种各样的猫咪，它们个个长得健康壮，充满了活力。

他好奇地走近一只猫咪，问道："你们为什么都看起来如此健康？"

那只猫咪高兴地回答："这是因为我们生活在这里的魔法山谷！这里的谷物长得非常好，而且我们还有美味的鸡蛋可以吃。这些食物让我们健康而强壮！"

冒险家A非常吃惊，于是他继续探索山谷。他发现了一个美丽的农田，里面有各种谷物，金黄的小麦、香甜的玉米和绿油油的大豆。

然后，他看到了一群欢快的小鸡，它们在农田里自由奔跑，每天都能享受阳光和新鲜的空气。

冒险家A明白了，正是这些美味的谷物和活泼的小鸡，让猫咪们保持如此健康。他也发现了一座小屋，里面有一位友善的农夫，他正忙着制作美味的猫粮。

冒险家A问道："你是否愿意分享你的猫粮？"

农夫微笑着回答："当然，我们一直都希望将这美味的猫粮分享给全世界的猫咪。它是如此的有营养，可以让每只猫咪都健康快乐！"

于是，冒险家A回到了自己的家，并将这个奇妙的故事分享给了大家。人们纷纷购买这美味的猫粮，他们的猫咪也变得健康而充满活力。

6.5.3 生成人物素材

确认故事逻辑后，将生成故事中的主要角色和次要角色的形象。对故事中的形象进行梳理，分别撰写提示词，并使用Midjourney生成人物素材。在本案例的故事设定中，主要有两位角色。

（1）探险家爱丽丝，一个善良勇敢的探险者，热衷于寻找世外桃源。生成角色的提示词：A explorer with a map, multiple poses and expressions, and a simple white background --niji（一个带有地图、多种姿势和表情的探险家，以及简单白色背景），生成的效果如图6-27所示。

图6-27 探险家爱丽丝的角色形象

（2）农夫，生活在世外桃源，擅长培育谷物、养殖肥美的鸡。提示词：A kind-hearted farmer, old man, wearing a farmer's hat, is working, multiple poses and expressions, full body, and a simple white background --niji（一个善良的农民，

老人，戴着农民的帽子，正在工作，多个姿势和表情，丰满的身体，和一个简单的白色背景），生成效果如图6-28所示。

图6-28 农夫的角色形象

6.5.4 生成故事场景

故事场景在绘本中扮演着重要的角色，它们需要与故事情节紧密结合，并为读者提供视觉引导。在这一步中，我们首先梳理故事情节中可能用到的故事场景，接着使用Midjourney生成场景图像。

（1）探险者的森林场景。提示词: in the dense forest, there is a cave in front, with natural light and a quiet atmosphere, graphic illustration --niji（在茂密的森林中，前方有一个洞穴，光线自然，气氛幽静，图解说明），生成效果如图6-29所示。

（2）令人豁然开朗的世外桃源场景。提示词: a vast and boundless grassland with many cats, including an orange cat, natural light, vibrant atmosphere --niji（广阔无垠的草原上有许多猫，包括一只橙色的猫，自然光，充满活力的氛围，图文并茂），生成效果如图6-30所示。

（3）生机勃勃的谷物与家畜场景。提示词: a vast and boundless grassland, where farmers have planted many crops, and there are many chickens, ducks, and orange cats nearby, natural light, a vibrant atmosphere, and flat illustrations --niji（广阔无垠的草原，农民种下了许多庄稼，附近有许多鸡鸭和橘猫，自然光线，充满活力的气氛，扁平的插图），生成效果如图6-31所示。

（4）热闹的农产品加工场景。提示词: Farmer's barn, where grains are being processed（农民的谷仓，加工谷物的地方），生成效果如图6-32所示。

图6-29　探险者的森林场景效果图

图6-30　世外桃源场景效果图

图6-31　谷物与家禽场景效果图

图6-32　农产品加工场景示意图

6.5.5　后期合成优化排版

为了确保绘本的整体质量和一致性，还需要进行后期合成和排版的工作。

首先，将生成的角色和场景素材与语言模型生成的故事文本结合，以创建每一页绘本，如图 6-33 所示。

图6-33　角色和场景组合后的页面效果

　　最后，进行排版工作，包括文字布局、字体选择、颜色搭配等，并进行优化，以确保绘本的整体视觉吸引力和故事完整性，如图 6-34 和图 6-35 所示。

图6-34　绘本单页效果图

图6-35　绘本单页效果图

6.6 本章小结

　　通过本章的品牌设计应用案例，我们不仅理解了Midjourney如何用于品牌IP创作，还强调了AI作图与品牌的契合性，以及它如何改变传统的设计工作流程。AI创作工具为品牌推广注入了创意和效率，同时也提出了一些挑战，需要不断地沟通、调整和优化，以确保生成的内容与品牌一致，能够引发目标受众的情感共鸣。无论是设计品牌Logo、IP形象、表情包还是故事绘本，AI作图都为品牌推广提供了全新的可能性，将品牌形象与创意故事相结合，为受众创造了更具吸引力的品牌体验。这是一个充满潜力的领域，将继续引领品牌推广的发展。

CHAPTER SEVEN

第 7 章

Midjourney 面向电商领域的应用实践

. . .

电商是一种需要高频消耗大量定制图片的场景，例如活动 KV 图、商品广告海报、直播间背景图等，因此引入 AI 作为制图工具对电商领域的降本增效具有重要意义，这也是 AI 绘图的重要落地方向。结合之前的讲解，Midjourney 通过合适的提示词指令即可快速生成精美的文字、物件、场景、人物角色等画面组件，还可以结合其他工具做补充编辑。本章将在此基础上，结合电商场景实际问题，介绍如何制作精美的电商用图。

本章将结合以下几类场景讲解。

· 电商运营海报的制作。

· 电商直播间的搭建。

· 电商产品的摄影。

尽管这些场景的具体设计与内容各有不同，但在运用 Midjourney 进行创意设计时，均遵循一个统一的基础流程，下面一起来学一下吧。

7.1 电商运营海报快速生成

7.1.1 电商运营海报设计简介

电商运营海报是平面设计的一种，其设计要素包括文字、图形和色彩。与其他海报不同，电商运营海报更注重商业价值和营销氛围的呈现，其视觉内容以销售的商品为核心。过于复杂的设计容易使客户难以抓住重点，从而错失产品展示机会；而过于简单的设计则可能无法吸引消费者的兴趣。电商运营海报通常具备以下特点。

（1）目的明确。电商运营海报的主要目标是宣传产品或活动，因此，顾客应能通过海报一眼就能看出要表达的主题。一般来说，主题会被放置在海报的视觉中心，同时要求文字简洁明了，以便用户快速理解。

（2）统一的设计风格。每种设计风格都应有其独特的感觉，如科技风格、文艺小清新、简洁风格等。风格可根据产品和活动的属性来决定，它需要与店铺的整体风格相协调。

（3）和谐的色彩搭配。在选择海报的整体色彩时，设计师通常会根据产品或活动的属性来进行搭配。例如，大促活动常常使用红色、橙色等暖色调；而电子类产品则更倾向于使用蓝色、黑色等冷色调来增添科技感；对于黄金类产品，则可能会使用黑色、红色等较为大气的颜色进行搭配。

> **提示**
>
> 　　尽管还有其他更多样的设计风格，但总体而言电商海报的制作还是有迹可循的，十分有利于AI去模仿作图。因此面对电商平台不断出新、商品销售竞争激烈的情况下产生的高频、大量的海报制作需求，AI绘画恰好可以处理其中的初级任务，从而显著减轻设计师的负担。

　　本节将以一家专注于研发智慧家居产品的科技公司的电商运营海报为例，展示Midjourney如何帮助团队提升工作效率和质量，高效地解决业务难题。

7.1.2　利用语言模型生成设计策略

　　在电商运营海报的设计前期，首先需要确保了解客户需求，进行相关的前期调研、头脑风暴并提出设计策略。这个阶段的深入工作将为后续的设计过程提供坚实的基础。在这一阶段，我们可以借助AI智能语言模型，如ChatGPT或"文心一言"等，为前期的分析过程加速，如图7-1所示。

　　例如，我们使用"文心一言"来提供设计建议。

图7-1　基于AI语言模型的海报前期设计

> **我的输入**：我要生成一张电商主视觉海报，主要产品是系列智能家电，品牌传递的调性以科技、简约为主，请你为我的海报设计提供一些建议。

> **文心一言**：当设计一张电商主视觉海报，以突出系列智能家电，并传达科技与简约的品牌调性时，以下是一些建议。
>
> 　　（1）整体布局简约：保持整体布局简洁，以反映品牌的简约风格。避免过多的视觉杂乱，以便观众能够专注于产品。
>
> 　　（2）明亮的背景：使用明亮的背景，如白色或浅灰色，以提供清新、干净的外观。这有助于突出产品并传递科技感。
>
> 　　（3）产品系列展示：将系列智能家电以一种有序而对称的方式展示出来，以凸显品牌的多样性和产品线。每个产品的图像大小应相等，以保持一致性。
>
> 　　（4）高品质图像：使用高分辨率的产品图像，确保每个产品都清晰可见，以便观众可以仔细查看。在图像中突出显示每个产品的特点，如屏幕、按钮或链接。

（5）简洁的文本：使用简短的文本，简要描述产品系列的亮点和优势。避免过多的文字，只突出最重要的信息。

（6）品牌标志：将品牌标志放置在海报的一个角落，以提高品牌识别度。

（7）科技元素：在城市景观中加入未来主义科技元素，如光效、投影和高科技装置，以传达产品的智能性质。这些元素可以与产品亮点相呼应。

（8）色彩选择：选择现代科技品牌的颜色，如蓝色、银色、黑色或灰色。确保背景和文本颜色之间有足够的对比度。

（9）购买按钮：在每个产品下方或在整体设计中添加购买按钮，以鼓励观众采取行动。

（10）测试和优化：在发布之前，在不同的屏幕上测试海报，以确保图像和文本都能清晰显示。

根据反馈进行必要的优化。

通过遵循这些设计建议，可以创建一张引人注目的电商主视觉海报，突出系列智能家电，并传达品牌的科技与简约调性。这将有助于吸引目标受众，提高电商销售，并增强品牌形象。

7.1.3　总结需求梳理作图思路

根据语言模型以"科技成就美好生活"为主题的主视觉（Key Vision，KV）创意所提议的海报主视觉设计建议，我们可以总结以下关键词和词组。

（1）主题关键词：未来主义、工业主义。

（2）视觉元素：城市、智能机器人。

（3）色彩和情感：浅青色、浅蓝色、淡银色。

将这些关键词和词组结合在一起，可以分别撰写出不同效果的提示词。接下来我们使用 Midjourney 生图，尝试制作一个强冲击力的主视觉创意海报，强调科技、智能和空间，同时突出购物节期间的机会和激励。

7.1.4　撰写Prompt并迭代优化

基于前面的分析，我们可以继续发散并修改提示词，首先生成海报的背景图像，下面提供了一些作图示例。

（1）选择关键词"城市倒影、工业感、能量磁场"并发散思维，优化提示词：an upside

down city on a cloudscape, in the style of computer-aided manufacturing, light cyan and light blue, energy-filled illustrations, made of liquid metal, industrial and product design, labcore --ar 9:16(云景上一座倒立的城市，电脑辅助制造风格，浅青色与浅蓝色，充满能量的插图，液态金属材质，工业与产品设计），生成效果如图7-2所示。

（2）选择关键词"智慧城市，未来主义，批量生产的工业品"，优化提示词：high-tech city, futurist illustration image, in the style of light silver and blue, animated energy, mass-produced objects, precisionism influence, animecore, low bitrate, realistic hyper-detail --ar 9:16（智慧城市，未来主义插画图像，淡银色和蓝色的风格，动画能量，批量生产的工业品，精确主义，动画，低比特率，逼真的超细节），生成效果如图7-3所示。

图7-3网格图中的第二张更符合品牌方的品牌调性，我们将该图放大作为本次电商海报的背景图内容，如图7-4所示。

图7-2 "城市倒影、工业感、能量磁场"的背景图

图7-3 "智慧城市，未来主义，大批量的工业品"背景图

图7-4 选择最合适的背景图放大

7.1.5　同系列海报图拓展变更比例

同系列的电商海报，会应用在不同客户端或场景中，因此我们需要将生成的海报背景进行比例拓展，以适应 banner、移动端、PC 端等应用场景的宽幅。还需要生成主视觉元素，与海报背景图合成，并进行排版。

第一步：拓展图像背景。在 Midjourney 中基于图 7-4 进行"Pan"平移拓展操作，并将图片拓展为纵横比 16：9 以及纵横比 1：1 的图像，如图 7-5 所示。

图7-5　拓展背景图像效果图

第二步：生成主视觉 IP 或产品。在运营海报中，"主视觉"是吸引受众的关键因素之一，它可以有效地传达品牌信息并吸引目标受众的注意力。为了更好地展现"高科技""未来主义"的风格调性，我们选择以"宇航员"作为海报的主视觉形象，并沿用部分生成背景的提示词内容，保持画面风格的统一。

提示词：astronaut, futurist illustration, in the style of light silver and blue, animated, energy, precisionism influence, low bitrate, 3D, white simple background, realistic hyper-detail（宇航员，未来主义插画，浅银色和蓝色风格，动画，能量，精确主义，低比特率，3D，白色简单背景，逼真的超细节 ），如图 7-6 所示。

图7-6　主视觉IP效果图

第三步：合成视觉元素。使用 Photoshop 等图像编辑工具将海报背景图与抠图后的主视觉形象合成，适度调整图像大小比例、色彩等内容，确保画面看起来统一、和谐，如图 7-7 所示。

图7-7　合成后的画面效果

第四步：输入文案排版文字。根据海报应用场景，将品牌 Logo、活动主题等文案内容排版，最终生成合适的运营海报，如图 7-8 所示。

图7-8　添加文字排版后的效果

7.1.6　应用效果展示

最后，重复第 7.1.5 小节的合成、排版的操作流程，我们就可以轻松生成同系列、不同样式的运营海报，下面是一些案例。

（1）手机端应用。手机端运营活动海报，如图7-9所示。

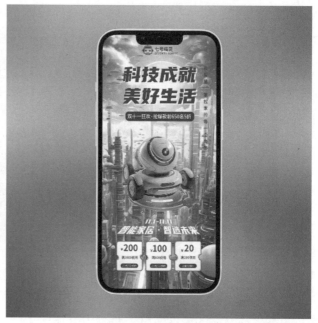

（a）海报效果图　　　　　　　　　　（b）海报在样机上的展示效果

图7-9　手机端展示效果

（2）PC端应用。PC端运营活动主视觉海报，如图7-10所示。

（a）海报效果图　　　　　　　　　（b）海报在样机上的展示效果

图7-10　PC端展示效果

（3）活动封面设计。Apple Watch（智能穿戴设备）运营活动封面展示，如图7-11所示。

（a）海报效果图

（b）海报在样机上的展示效果

图7-11　Apple Watch展示效果

7.2 电商直播间快速搭建

近年来，电商直播成为品牌推广和产品销售的热门渠道之一，快速搭建一个引人注目的直播间对于吸引观众和促进销售至关重要。在这一节中，我们将深入探讨如何迅速搭建一个成功的电商直播间，包括直播间贴片的拆解分析、品牌产品需求的梳理、背景贴片的制作和后期排版优化。

7.2.1　品牌产品需求梳理

在搭建直播间之前，同样，需要首先明确包括品牌的目标受众、产品的特点等在内的品牌产品的需求和目标。只有明确需求，才能有针对性地制定直播内容和贴片，确保与品牌形象一致。

我们以"为一家计划在中秋节期间进行直播的果园搭建线上节日专场直播间"为例，逐步讲述使用 Midjourney 搭建线上直播间的方法。

首先，需要明确直播的主题和目标受众。考虑到新鲜水果是日常食品，购买者重视产品质量与价格，因此我们选择以"农场甄选果品·福利加码"为主题，直接表达出果品物美价廉的优势。其次，在产品种类和特点方面，该品牌方的主推产品为橙子，其余还包括葡萄和石榴等一些常见果品。受众想要了解的信息可能包括水果品质、优惠活动、价格、口感特点等，因此，我们需要在直播间中设置贴片动态，轮流展示各类信息。

7.2.2　直播间贴片拆解分析

线上直播间的搭建是由各类静态、动态贴片元素组成的。主要分为背景、主题贴片、下贴片、促销活动贴片以及价格贴片。

（1）直播间背景。直播间的背景贴片在电商直播中起到非常重要的角色，因为它们为观众提供了直播内容的视觉环境。对于农场果园的电商直播，背景可以美丽的果园或田园风光为主题，展示出自然、有机和健康的特质，以水果、果树等为背景元素，画面整体不应太复杂，应有适当留白，保持画面简洁干净，不喧宾夺主。根据品牌方需求撰写提示词，并使用 Midjourney 生成系列直播间背景素材图，如图 7-12 所示。

提示词：TikTok studio background picture, beautiful farm scenery, large area of white space, soft colors, orange trees, 2D, flat illustrations --ar 9:20（抖音直播间背景图，美丽的农场景色，大面积留白，柔和的色彩，点缀橙子树，2D，平面插图）。

(a)　　　　　　　　　(b)　　　　　　　　　(c)

图7-12　直播间背景效果图

（2）下贴片。下贴片是位于直播画面底部的一部分元素，它一般有两个作用：一是帮助入镜主播遮挡桌边，使整体直播画面更美观；二是作为一种直播信息展示工具，主播可以在下贴片展示商品信息、优惠信息、直播议程、商品声明等内容，帮助主播更有效地做关键消息传达。因此，我们使用 Midjourney 生成主推产品橙子的摄影素材，选择合适的图片进行抠图，橙子摆放时不规则的外轮廓正适合作为下贴片的边缘，显得生动、不刻意。

提示词：product photography, close up, orange and a halve of orange, on a real wooden table, surrounded by orange tree, charming sunlight, nice shadows, realistic, rendering by OC, bright, high resolution --ar 3:4（产品摄影，特写，橙子和切半的橙子，在木桌上，周围环绕着橙子树，迷人的阳光，恰到好处的阴影，逼真，OC渲染，明亮，高分辨率），如图7-13所示。

（a）　　　　　　　　　　（b）　　　　　　　　　（c）

图7-13　直播间下贴片效果图

（3）直播主题。直播主题贴片用于传达直播最核心、显眼的内容，应当直截了当地阐述直播主题。但需要注意，主题贴片的设计风格应与直播间背景及其他贴片保持和谐一致，如图7-14所示，以保持画面美观性，并提高品牌识别度。

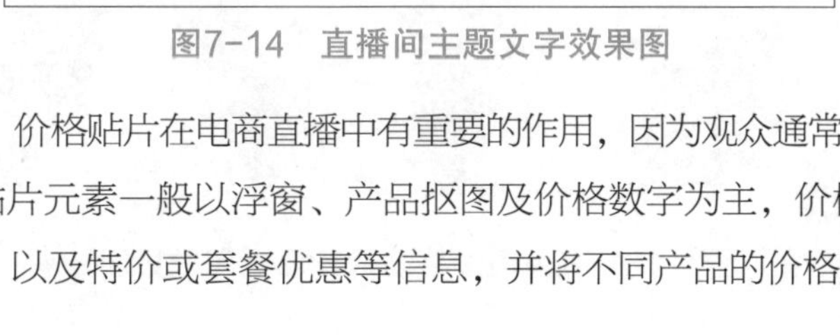

中秋直播专场
农场甄选果品·福利加码

图7-14　直播间主题文字效果图

（4）价格贴片。价格贴片在电商直播中有重要的作用，因为观众通常在决定购买时需要了解价格信息，价格贴片元素一般以浮窗、产品抠图及价格数字为主，价格贴片应具备醒目的设计与清晰的标价，以及特价或套餐优惠等信息，并将不同产品的价格贴片动态轮播展示。

我们使用Midjourney分别生成所需的浮窗、产品等元素，并挑选合适的素材进行合成、排版，最终生成价格贴片。

首先，生成浮窗（需要垫图）。提示词：floating window design, all kinds of irregular rectangular box, green tone, soft tone, 2D, flat illustration, white simple background(浮窗设计，各种不规则矩形框，绿色色调，柔和色调，2D，平面插图，白色简单背景)，如图7-15所示。

图7-15　直播间价格贴片浮窗效果图

其次，生成产品插图。提示词：{grape, orange, pomegranate}, 2D flat illustration, simple white background({葡萄，橙子，石榴}，2D平面插图，简单的白色背景)，如图7-16所示。

图7-16　直播间价格贴片产品插图效果图

最后，合成浮窗与产品图标，并标注价格，形成价格贴片，如图 7-17 所示。

图7-17　直播间价格贴片合成效果图

（5）促销活动贴片。促销活动贴片用于宣传产品的优惠活动，如限时折扣、满减、赠品、抽奖，以吸引受众进入直播间、下单等行为。促销活动贴片所需元素一般包括浮窗、促销图标、文字等，这些贴片可根据需求在直播中静态展示或动态展示。生成本次宣传所需要的图标，并与已有的浮窗素材结合，排版生成活动促销贴片。

首先，生成礼物、红包等优惠促销图标，提示词为：{gift box, red envelope, voucher}, icon design, gold, 2D graphic illustration, white simple background（{礼品盒，红包，优惠券 }，图标设计，金色，2D 图形插图，白色简单背景），如图 7-18 所示。

图7-18　礼物、红包效果图

其次，合成背景框与活动图标，并附上文案，形成活动促销贴片，如图 7-19 所示。

图7-19　合成背景框与活动图标效果图

直播间贴片内容可根据直播的主题和目标进行定制，以提供有价值的信息、推广产品和吸引观众的注意。通过对这些贴片精心设计和合理安排，农场果园的线上电商直播将能够提供更具吸引力和互动性的观看体验，同时有效地传递品牌信息和促销信息，提高互动和销售机会。下面我们将上述生成的贴片元素进行筛选与合成，并结合必要信息排版优化。

7.2.3　后期排版优化

我们选择合适的直播背景，生成符合"中秋节"这一主题的"圆月"元素，并将它们与已经生成的下贴片素材结合，形成直播间初步排版，如图7-20所示。

图7-20　直播间初步排版效果图

进一步，将已生成的直播主题贴片、促销活动贴片、价格贴片元素进行分层排版，并放置在合适的位置，完成直播间最终的搭建，如图7-21所示。

图7-21 直播间搭建最终效果图

7.2.4 应用场景展示

我们将最终搭建的直播间场景在常见的两类专业直播中进行应用，并展示效果。

（1）绿幕抠图类直播。绿幕抠图类直播主要基于绿幕抠图技术，通过实时换背景图片或视频，配合手机录屏功能，实现一个虚拟专业的直播间。它的主要优点是可以全屏显示，能够将主播与搭建的直播间画面融合得更加自然。绿幕抠图类直播更适合需要虚拟专业直播间的场景，如产品介绍、宣传等，如图 7-22 所示。

（a）　　　　　　　　（b）

图7-22 直播间背景用于绿幕抠图类直播

（2）方框类直播。方框类直播是一种比较常见的直播形式，通常是将拍摄好的视频或图片放在一个特定的框架里面进行直播。它的优点是操作相对简单，可以提前准备好需要播放的视频或展示的图片，并且可以添加音乐、文字等元素来丰富直播内容。同时，方框直播对于拍摄技巧和设备的要求不高，适用范围比较广，更适合对拍摄技巧和设备要求不高的场景，例如生活直播、会议直播等，如图 7-23 所示。

（a）　　　　　　　　　（b）

图7-23　直播间背景用于方框类直播

7.3 无实物搞定电商产品摄影

在电商领域，产品摄影是至关重要的，因为精美的产品图片会影响顾客的购物决策，影响产品销售。曾经产品摄影需要耗费商家大量的人力、物力、财力进行搭景、摄影、修图等工作。但在 AI 绘图出现后，借助提示词生成的虚拟背景，实现无须实体道具的电商产品摄影图成为可能。这大大降低了商家制作产品摄影图的门槛，为商家降本增效。

7.3.1 品牌需求梳理

制作电商产品的摄影图，首先应了解产品的特点和需求。在这一步骤中，需要与品牌方就产品调性、目标受众、产品特点等内容进行沟通。在本次需求中，品牌方是一家生产女性护肤品的公司，宣传产品是一款保湿精华水，面向 20 ～ 40 岁的年轻女性，品牌调性简约、温馨、柔和，希望摄影图体现出产品纯净、令人安心的特质。

7.3.2　生成电商品牌调性图

电商品牌调性图是一种重要的品牌宣传工具，它能够通过图形、图像、颜色等视觉元素来传达品牌的特点、个性和价值观，从而在消费者心中形成特定的品牌形象。

对于简约柔和风格的护肤品来说，其品牌调性可以拆解为以下元素。

（1）极简设计。整体设计风格需要简洁、纯净，避免过多的装饰和复杂的图案。

（2）柔和色彩。主要使用柔和、温婉的色彩，如米白色、淡粉色、淡蓝色等，以表现产品的温和、轻柔特性。

（3）温馨安心的氛围。以家居环境或自然元素为主。

将以上关键词提取后，就可以尝试撰写相关提示词，生成品牌调性图，如图 7-24 所示。

（1）minimalist, pure white curved space --ar 9:16（极简主义的纯白色弧形空间）。

（2）photography, white flowers,water,gold and white walls --ar 9:16（摄影，白色花朵，水，金色和白色墙壁）。

（3）bathroom scene, minimalist environment, gold and white walls highlight the product, beautiful light and shadow from the window --ar 9:16（卫生间场景，简约环境，金色和白色的墙壁突出产品，窗外的优美光影）。

图7-24　电商品牌调性图效果

7.3.3 电商产品摄影图要素分析制作

1. 提示词拆解

生成产品摄影图，提示词中通常需要包括产品描述、背景描述、装饰物、构图、灯光、拍摄角度等内容，因此我们可以总结出该类提示词结构：product photography, product, scene, decorating items, composition, lighting, photographic angle（产品摄影，产品，场景，装饰物，构图，灯光，摄影角度）。

（1）背景描述。对于极简风格，我们通常需要生成一个干净的背景，并使用柔和、浅色调，例如可以使用 Beige（浅褐色的）、Light beige（浅米色）、White（白色）、Light grey（浅灰色）、Light pink（淡粉色）、Light blue（浅蓝色）、Pastel tone（柔和的色调）等描述词。

（2）装饰物描述。对于希望营造高级感的产品摄影，往往会适当添加一些装饰物以丰富场景和提升格调，常见的有 Stones（石头）、Flower（花）、Branch（树枝）、Dry plant（干燥的装饰植物）、Leaf（叶子）、Wood（木头）等。

（3）构图。构图在产品摄影中起着至关重要的作用，它是确定照片主题、呈现照片美感、增强视觉感染力的重要手段。产品摄影常用的构图方式有 Center composition（居中构图）、Geometric composition（几何构图）、Horizontal composition（水平构图）。

（4）灯光。光影也是产品摄影中非常重要的部分，它影响着图像全局的质感。常见的打光提示词有 Advanced Lighting（高级照明）、Beautiful Sunlight（美丽的阳光）、Morning Light（晨光）、Natural Light（自然光）、Soft Shadow Light（软阴影光）、Split Lighting（分体照明）、Studio Lighting（工作室照明）。

（5）拍摄角度。不同的拍摄角度，可以展示产品多面的质感，常见的拍摄角度有 The front angle shot（正面拍摄）、The profile angle shot（侧面拍摄）、The 45-degree angle shot（45度角拍摄）、The back angle（背面拍摄）、The high angle shot（高角度拍摄）、The macro shot（微距拍摄）。

2. 生成摄影图各组成要素

（1）空镜图。空镜图是指没有具体商品的背景图，主要用来展示品牌调性和突出产品特点的图片。使用Midjourney生成空镜图往往需要先生成场景图，再把图片中的产品消除，最终形成空镜图。我们基于最初确定的品牌调性，分别制作三个空镜图。

空镜图一：product photography, empty shot, flowers beside, high end, minimalist environment, gold and white wall highlighting the product, beautiful lighting and shadow from the window --ar 3:4（产品摄影，空镜，旁边有鲜花，高端，简约的环境，金色和白色的墙壁突出产品，窗外的美丽灯光和阴影），效果如图 7-25 所示。

（a）　　　　　　　　　　　　（b）

图7-25　空镜图一

空镜图二：commercial photography, bathroom scene, basin close-up, next to scented candles, white space, high-end, minimalist environment, advanced lighting, the 45-degree angle shot --ar 3:4（商业摄影，浴室场景，盆特写，旁边是香熏蜡烛，空白，高端，简约的环境，高级照明，45 度角拍摄），效果如图 7-26 所示。

（a）　　　　　　　　　　　　（b）

图7-26　空镜图二

空镜图三：product photography, a bottle of clear glass skin care products, lying on the water surface, with white flowers, stone on sparkling water, natural lighting, dreamy tones, focus on product, center composition, high resolution --ar 3:4（产品摄影，一瓶透明玻璃护肤品，躺在水面上，白色的花朵，苏打水的石头，自然采光，梦幻般的色调，以产品为中心，中心构图，高分辨率），效果如图7-27所示。

（a）　　　　　　　　　　　（b）

图7-27　空镜图三

（2）产品图片。简单布置白色的拍摄背景拍摄产品的各个角度与特写，通过后期抠图即可生成所需的产品图片，如图7-28所示。

（a）　　　　　　　　　　　（b）

图7-28　产品多角度特性

（3）产品特点标注浮窗。在产品摄影图中常常需要一些浮窗、文案元素标注出产品的特点、功效等重要信息的载体，以强调产品的特点、功能和用途。我们通过撰写提示词生成符合品牌调性的浮窗设计。

浮窗提示词：different vector white elements on a white background, in the style of light pink and light amber, medicalcore, tactile canvases, elongated, back button focus, use of common materials, multi-panel compositions --ar 4:3（白色背景上的不同矢量白色元素，浅粉色和浅琥珀色风格，医疗核心，触觉画布，细长，按钮焦点，使用常见材料，多面板构图），效果如图 7-29 所示。

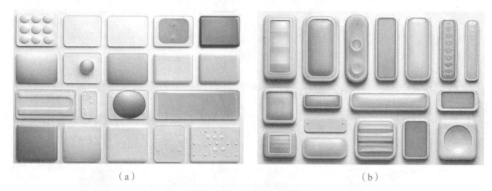

（a）　　　　　　　　　　　　　（b）

图7-29　浮窗效果图

选择合适的浮窗元素，并结合文案排版生成产品标注浮窗，如图 7-30 所示。

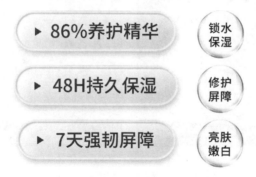

图7-30　浮窗加上文字排版的效果图

7.3.4　后期合成产品摄影图

拥有空镜图、产品图及标注图标后，即可将各类元素合成，排版为可以应用于电商场景下的产品摄影图。

在这个过程中，生成的图像可能需要进一步处理，以满足电商产品摄影的要求。

第一步：背景去除。可以使用在第 5 章中提到的一键抠图 AI 工具将产品抠图，保留无背景的产品 png 格式图片，如图 7-31 所示。

图7-31　去除背景的产品图

第二步：合成图像并调整颜色、大小。合成产品与空镜图，调节产品至合适的大小，并调整产品或背景图的颜色，确保两者在图像中统一、融合，如图 7-32 所示。

（a）　　　　　　　　　　　　　（b）

图7-32　合成的产品展示效果

第三步：排版优化。将生成的产品图像与背景、标注等元素融合，以创造引人注目的主产品展示，如图 7-33 所示。

第四步：分辨率和尺寸调整。将图片进行图像增强，确保画质清晰。此外，我们使用其他空镜图生成了不同尺寸、内容的产品摄影广告图，如图 7-34 所示。

图7-33 排版好的产品展示效果

（a） （b） （c）

图7-34 最终调整后的产品摄影广告图

通过以上步骤，我们可以搞定无实物的电商产品摄影，制作出引人注目的产品图像，有效地推广和销售产品。这个过程需要精确和耐心，但最终会带来可观的回报。

7.4 本章小结

Midjourney 在电商领域的应用实践展示了其多种潜在应用，提供了创新的解决方案，以满足不断变化的市场需求。从电商运营海报的快速生成到电商直播间搭建，以及无实物搞定电商产品摄影，Midjourney 将持续为电商行业带来巨大的优势和潜在价值。

CHAPTER EIGHT

第 8 章

Midjourney 面向概念设计提案的应用

...

AI 已经具备根据设计师的意图自动生成各类概念设计的能力，支持的设计元素涵盖色彩、形状、布局和纹理等，且能在短时间产生大量的提案（demo）。对设计领域来说，这不仅可以帮助设计师快速生成大量的设计概念，还能够在宽广的设计空间中协助设计师探索最佳方案、优化设计，从而缩短从创意到实现的时间，极大提高了设计师的工作效率。本章我们将聚焦设计领域，探讨 Midjourney 在服装设计、家居设计、产品设计、包装设计以及游戏设计等领域的应用。我们将探索 Midjourney 作为概念提案工具，为这些设计领域带来创新和突破的力量。

本章主要涉及的知识点有：

·Midjourney 在服装领域的概念设计：通过 Midjourney 设计布料图案、生成系列服装、搭建虚拟时装秀等内容。

·Midjourney 在环境设计领域的概念设计：通过 Midjourney 生成包括室内、建筑、展陈在内的多类型空间的概念设计手绘图、空间效果图等。

·Midjourney 在产品设计领域的概念设计：通过 Midjourney 生成产品手绘图、产品拆解图、产品效果图等提案设计图纸。

·Midjourney 在包装设计领域的概念设计：通过 Midjourney 生成食品类、日化类、礼盒类等商品的包装效果图。

·Midjourney 在游戏领域的概念设计：通过 Midjourney 生成游戏场景设计、角色设计、道具设计等流程所需的概念效果图。

8.1 服装设计

Midjourney 能帮助设计师创作出独特而富有创意的服装设计。通过它，设计师可以轻松地进行服装图案、版型设计，并且可以通过其丰富的功能和工具来表达自己的创意。Midjourney 还可以为设计师提供灵感和参考，帮助他们发现新的设计方向和元素。无论是时尚品牌还是个人设计师，Midjourney 都是一个强大的辅助工具，可以加速服装设计的创新和实现。

8.1.1 家纺图案设计

在家纺产品中，产品的多样性和创新性在很大程度上取决于图案印花的设计和制作。通过不同的图案印花工艺和设计，可以创造出各种各样的家纺产品样式，以满足不同消费者的需求和喜好。例如，儿童床上用品通常会选择卡通图案，而成人床上用品则更注重简约、时尚、舒适等设计元素。因此，图案设计对于家纺产品的生产方来说是一个至关重要的环节。

合适的图案设计不仅可以增加家纺产品的品质和美感，提升家纺产品的附加值和市场竞争力；同时，还可以满足消费者对于个性化、定制化的需求，提高产品的销售量和销售额。使用Midjourney进行家纺产品的图案设计则可以帮助设计师快速产出大量的创意图案与效果图。

下面我们将分别展示Midjourney生成的各类家纺产品图案及在样机上的应用效果。

1. 床上用品

床上用品包括床单、被套、枕套、床垫等，这些产品通常需要设计出合适的图案，以营造出舒适的睡眠氛围和家居风格。我们以自然田园风格为例，这种风格以自然、清新、舒适为主题，色调以浅色系为主，如白色、米色、浅灰色等，图案多为小花、小草、小动物等田园元素。

首先，总结提示词中应当包含的内容包括纺织品、自然元素、风格、颜色、矢量等。根据总结的关键词撰写生成自然风格图案的模板提示词：textile vector（纺织品矢量图），flowers and leaves（自然元素内容），in the style of sandara tang（图案风格），light beige and beige（图案颜色），minimalist pattern（图案复杂度）--tile（生成图案必备tile后缀参数）--ar 1:1（图片纵横比）。

根据这些提示词，我们使用Midjourney生成并演示不同自然纹样的图案及在床上用品中的应用效果图。

（1）花。提示词：textile vector, flowers and leaves, in the style of sandara tang, light beige and beige, minimalist pattern --tile --ar 1:1（纺织矢量，花与叶，sandara tang的风格，浅米色和米色，极简的图案），效果如图8-1所示。

（a）　　　　　　　　　　　　（b）

图8-1　以"花"为设计主题的床品设计图

（2）绿叶。提示词：textile vector, leaves, light green and beige, minimalist pattern --tile --ar 1:1（纺织矢量，叶子，浅绿色和米色，极简主义的图案），效果如图8-2所示。

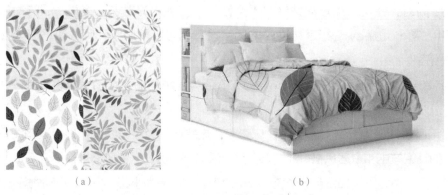

（a） （b）

图8-2 以"绿叶"为主题的床品设计图

（3）羽毛。提示词：textile vector, gouache feather, in the style of sandara tang, light beige and white, minimalist pattern --tile --ar 1:1（纺织矢量，水粉羽毛，sandara tang的风格，浅米色和白色，极简主义的图案），效果如图8-3所示。

（a） （b）

图8-3 以"羽毛"为主题的床品设计图

2. 服装图案

我们以复古风格为例，展示Midjourney在服装类产品中的图案设计应用。复古风格常采用深色系，如棕色、深红、靛蓝、深绿等作为主色调，图案多为复古图形，如扎染、复古印花、刺绣等。女士连衣裙往往适合尝试以连续图案作为其设计的亮点。

我们根据风格类型，修改模板提示词，使用Midjourney生成并演示不同自然纹样的图案及在服装中的应用效果。

（1）扎染风格。提示词：textile vector, tie dyeing style, retro printing, minimalist pattern, indigo blue --tile --ar 9:16（纺织矢量，扎染风格，复古印花，极简图案，靛蓝），效果如图8-4所示。

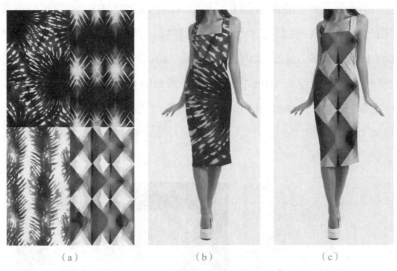

（a）　　　　　　　　（b）　　　　　　　　（c）

图8-4　扎染风格女式连衣裙设计图

（2）复古印花。提示词：embroidery, small floral fragments, deep red, minimalist pattern --tile --ar 9:16（刺绣，小碎花，深红色，极简的图案），效果如图8-5所示。

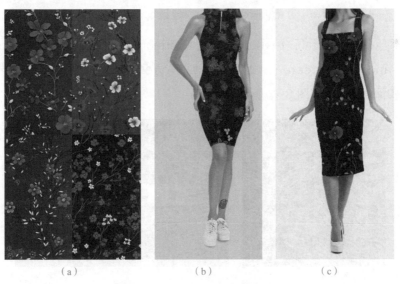

（a）　　　　　　　　（b）　　　　　　　　（c）

图8-5　复古印花女士连衣裙设计图

3. 地毯和地垫

地毯和地垫也是纺织品中常见的产品，优秀的图案设计可以帮助家居地面增加美观性和功能性。我们以北欧风格为例，使用 Midjourney 生成相关图案设计。

北欧风格常以自然、清新的风格为主，色调以浅色系或其他饱和度较低的颜色为主，图案则多为几何图形或小图案的组合。因此我们可将提示词修改为：textile vector（纺织品矢量图），abstract lines（抽象几何元素内容），in the style of minimalism（极简风格），light beige and beige（图案颜色）--tile（生成图案必备 tile 后缀参数）--ar1∶1（图片纵横比）。

（1）米色条纹。提示词：textile vector, abstract lines, in the style of minimalism, light beige and beige --tile --ar 1∶1（纺织矢量，抽象线条，在极简主义的风格，浅米色和米色），如图 8-6 所示。

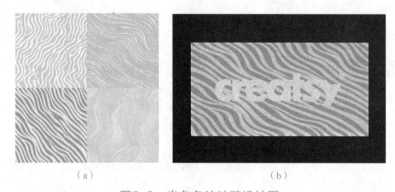

（a）　　　　　　　　　　　　（b）

图8-6　米色条纹地毯设计图

（2）墨绿色条纹。提示词：textile vector, abstract lines, in the style of minimalism, light beige and deep green --tile --ar 1∶1（纺织矢量，抽象线条，在极简主义的风格，浅米色和深绿色），如图 8-7 所示。

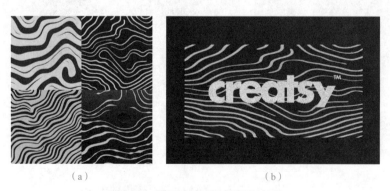

（a）　　　　　　　　　　　　（b）

图8-7　墨绿色条纹地毯设计图

4. 户外装饰品

户外装饰品如遮阳伞、户外垫、吊床等也需要图案来增加其美观性和装饰效果。该类装饰品受众范围多样，我们仅以色彩明快鲜艳的卡通风格为例，展示由 Midjourney 生成的相关图案设计，以及对应的产品效果图。

（1）动物。提示词: textile vector, minimalist cat pattern, coloful and white --tile --ar 1:1（纺织矢量，极简猫咪图案，彩色和白色），如图 8-8 所示。

（a） （b）

图8-8 猫咪图案的帐篷设计图

（2）雨伞装饰图案。提示词: textile vector, minimalist umbrella pattern, coloful and white --tile --ar 1:1（纺织矢量，极简伞图案，彩色和白色），如图 8-9 所示。

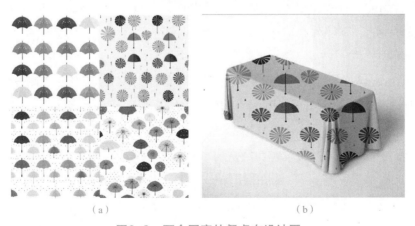

（a） （b）

图8-9 雨伞图案的餐桌布设计图

5. 其他纺织品

此外，家纺市场上的其他纺织品，如桌布、毛巾、抱枕等也可以通过图案设计来增加美观度和附加值。我们以现代风格为例，这种风格注重现代感、时尚感，色调以黑白灰为主，图案多以几何图形和简洁的线条为主。提示词：textile vector, abstract twisted line patterns, graffiti style, abstract minimalism, monochromatic details --tile --ar 1:1（纺织矢量，抽象扭曲的线条图案，涂鸦风格，抽象极简主义，单色细节），如图 8-10 所示。

　　（a）　　　　　　　　　（b）　　　　　　　　　（c）

图8-10　现代风格的沙发抱枕设计图

8.1.2　服装创意设计

　　不同于图案设计，服装设计的过程需要不断地试验和创新，以适应快速变化的市场需求和消费者品位。Midjourney 作为一种概念设计工具，可以帮助服装设计师高效率地完成创意设计中的以下环节。

1. 设计可视化

　　Midjourney 可以帮助设计师快速生成设计草图，将抽象的设计概念转化为具有吸引力和视觉冲击力的可视化图像，以更高效的方式展示给同事或客户以获取反馈和意见。

　　我们以常见的牛仔材质的服装为例，演示分别单品与成套服装设计手绘图效果。

　　（1）牛仔裙单品。提示词：fashion product design sheet, the denim pleated miniskirt is made of denim, with an asymmetric hem, in the style of light green and beige, dye-transfer, cargopunk, hip-hop inspired, textural detail, dark sky-blue and beige, gritty textures, front and back display, vivienne westwood, labeled diagram, colorzied pencil sketch --ar 3:2 --s 750 -Niji（时

尚产品设计单，牛仔褶皱超短裙由牛仔材料制成，不对称下摆，浅绿色和米色风格，染料转移，嘻哈风格，纹理细节，深天蓝色和米色，粗糙纹理，正面和背面展示，彩色铅笔素描 --ar 3:2 --s 750 --niji)，如图 8-11 所示。

（a）　　　　　　　　　　　　　　　　　　（b）

图8-11　牛仔褶皱超短裙手绘设计图

（2）牛仔上衣手绘设计。提示词：fashion product design sheet, the top is made of denim, with an asymmetric hem, in the style of light green and beige, dye-transfer, with a sense of technology and fashion, front and back display, labeled diagram, colorzied pencil sketch --ar 3:2 --s 750 -niji(时装设计单，上衣采用牛仔布材质，搭配不对称下摆，浅绿色和米色风格，染料转印，具有科技感和时尚感，正面和背面展示，带标签示意图，彩色铅笔素描 --ar 3:2 --s 750 -niji)，如图 8-12 所示。

（a）　　　　　　　　　　　　　　　　　　（b）

图8-12　牛仔上衣手绘设计图

（3）牛仔连衣裙手绘设计。提示词：fashion product design sheet, the denim Naked chest dress is made of denim, with an asymmetric hem, in the style of light green and beige, dye-transfer, hip-hop inspired, textural detail, dark sky-blue and beige, gritty textures, front and back display, colorzied pencil sketch --ar 3:2 --s 750 --niji（时装设计单，牛仔布裸胸连衣裙采用牛仔布制成，下摆不对称，风格为浅绿色和米色，染料转印，嘻哈风格，纹理细节，深天蓝色和米色，沙砾质地，正面和背面展示，彩色铅笔素描 --ar 3:2 --s 750 --niji），如图8-13所示。

（a）　　　　　　　　　　　　　　　　　　　（b）

图8-13　牛仔连衣裙手绘设计图

2. 快速原型制作

对于婚纱礼服这类重工衣服，设计师则可以使用Midjourney快速生成服装原型效果图，无须耗费大量时间和资源来制作实体样品。这样不仅可以降低生产成本，还可以根据客户需求进行快速调整，满足个性化的需求。

（1）婚纱概念设计。提示词：fashion design, wedding dress design, mid shot, C4D, white simple background, front and back display --ar 3:2（服装设计，婚纱设计，中景，C4D，白色简单背景，前后展示）（C4D是一种设计工具，用于控制Midjourney的效果图尽量模仿C4D），如图 8-14 所示。

（2）礼服概念设计。提示词：high luxury dress, black, mid shot, C4D, white simple background, front and back display --ar 3:2（高级豪华礼服，黑色，中景，C4D，白色简单的背景，前后显示），如图8-15所示。

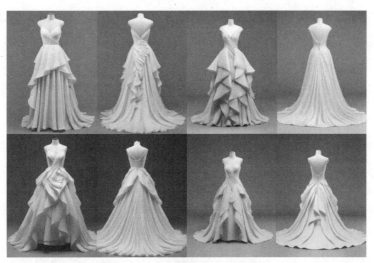

图8-14　婚纱渲染设计图

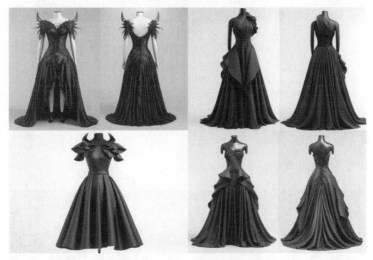

图8-15　礼服渲染设计图

3. 同系列服装设计衍生

Midjourney可以通过"变化工具"在同一概念下生成多个相似的服装概念设计图，以及多角度视图效果图，帮助设计师展示服装的不同角度和细节，让设计师更全面地评估、对比设计效果。

（1）女士金属时装概念设计。提示词：fashion design, printed skirt and corset, futuristic silhouette, irregular shapes, white and black metal elements, luxurious Baroque style, panoramic, C4D, front and back display ──ar 3:2（时尚

设计，印花裙和紧身胸衣，未来感廓形，不规则造型，黑白金属元素，奢华巴洛克风格，全景，C4D，前后展示），效果如图8-16所示。

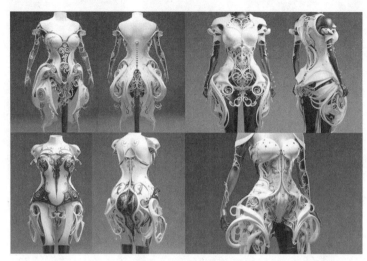

图8-16　女士金属时装概念设计图

（2）男士金属时装概念设计。提示词：fashion design, for male, metallic jacket, futuristic silhouette, irregular shapes, white and black metal elements, luxurious Baroque style, panoramic, C4D, front and back display --ar 3:2（时尚设计，针对男性，金属夹克，未来感廓形，不规则形状，黑白金属元素，奢华巴洛克风格，全景，C4D，前后展示），效果如图8-17所示。

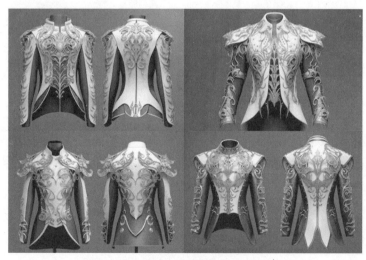

图8-17　男士金属时装概念设计图

8.1.3　虚拟时装秀

Midjourney 具备创建接近真人的虚拟模特的能力，并能为其设置不同的秀场背景氛围。我们利用这一特性，分别为日常秀场、沙漠秀场和热带雨林秀场制作了虚拟时装秀。这些虚拟时装秀分别可以展示日常套装、婚纱礼服以及前沿时装的走秀效果。

1. 日常秀场风格

（1）日常套装。提示词: show style, classic style, a {female, male}model walking at a fashion show wearing a oversize suit, Milan fashion show style, Demobaza summer fashion runway, high-quality, real-life(秀场风格，经典风格，{ 女，男 } 模特在时装秀上穿着 oversize 西装，米兰时装秀风格，Demobaza 夏季时装 T 台，高品质，真实)，效果如图 8-18 所示。

（a）　　　　　　　　　　　　　（b）

图8-18　日常秀场日常套装效果图

（2）婚纱礼服。提示词: show style, a female model wearing a luxurious wedding dress walking on a fashion show, Milan fashion show style, Dior summer fashion runway, high-quality, real-life(秀场风格，女模特穿着奢华的婚纱走在时装秀上，米兰时装秀风格，迪奥夏季时装 T 台，高品质，真实)，效果如图 8-19 所示。

（3）前沿时装。提示词: show style, {a female model walking on fashion show wearing printed skirt and corset, a male model walking on fashion show wearing white metal jackets}, futuristic silhouettes, irregular shapes, metal elements, luxurious Baroque style, Miumiu fashion show style, full body shot, high-quality, realistic, and spotligh(走秀风格，{女模特穿着印花裙和紧身胸衣走秀，男模特穿着白色金属夹克走秀}，未来感廓形，不规则造型，金属元素，奢华巴洛克风格，Miumiu 走秀风格，全身拍摄，高品质，逼真，亮点)，效果如图 8-20 所示。

（a）　　　　　　　　　　　　　　　　（b）

图8-19　日常秀场婚纱礼服效果图

（a）　　　　　　　　　　　　　　　　（b）

图8-20　日常秀场前沿时装效果图

2. 沙漠秀场风格

（1）日常套装。提示词：sand dunes style, Y2K style, {a female model walking at a fashion show wearing a tight denim dress, a male model walking at a fashion show wearing a denim suit}, Milan fashion show style, Demobaza summer fashion runway, high-quality, real-life(沙丘风，千年虫风，{女模特在时装秀上穿

着紧身牛仔裙，男模特在时装秀上穿着牛仔西装 }，米兰时装秀风格，Demobaza 夏季时装 T 台，高品质，真实生活)，效果如图 8-21 所示。

（a）　　　　　　　　　　　　　　　　　　　　（b）

图8-21　沙漠秀场日常套装效果图

（2）婚纱礼服。提示词: sand dunes style, a female model wearing a {beige, red} luxurious wedding dress walking on a fashion show, Milan fashion show style, Dior summer fashion runway, high-quality, real-life(沙丘风格，一位女模特穿着 { 米色，红色 } 豪华婚纱走在时装秀上，米兰时装秀风格，迪奥夏季时 T 台，高品质，逼真)，效果如图 8-22 所示。

（a）　　　　　　　　　　　　　　　　　　　　（b）

图8-22　沙漠秀场婚纱礼服效果图

（3）前沿时装。提示词：desert runway style, {a female model walking on fashion show wearing printed skirt and corset, a male model walking on fashion show wearing white metal jackets}, futuristic silhouettes, irregular shapes, metal elements, luxurious Baroque style, Miumiu fashion show style, full body shot, high-quality, realistic, and spotligh（沙漠秀场风格，{女模特穿着印花裙和紧身胸衣走秀，男模特穿着白色金属夹克走秀}，未来主义的轮廓，不规则的造型，金属元素，奢华的巴洛克风格，Miumiu时装秀风格，全身拍摄，高品质，逼真，亮点），效果如图8-23所示。

（a）　　　　　　　　　　　　　　　　　（b）

图8-23　沙漠秀场前沿时装效果图

3. 热带雨林秀场风格

（1）日常套装。提示词：tropical rainforest runway style, a {female, male} model wearing a long beige clothing, in the style of rustic, walking on a fashion show, Milan fashion show style, summer fashion runway, high-quality, real person（热带雨林走秀风格，一位{女、男}模特身穿米色长款服装，以质朴的风格，走在一场时装秀上，米兰时装秀风格，夏季时装走秀，高品质，真人秀），效果如图8-24所示。

（2）婚纱礼服。提示词：tropical rainforest runway style, a female model walking on a fashion show in a {white, black} luxurious dress, Milan fashion show style, Chanel summer fashion runway, high-quality, real person（热带雨林走秀风格，

一位女模特穿着 { 白，黑 } 的豪华礼服走在时装秀上，米兰时装秀风格，香奈儿夏季时装走秀，高品质，真人），效果如图 8-25 所示。

（a）　　　　　　　　　　　　　　　　　（b）

图8-24　热带雨林秀场日常套装效果图

（a）　　　　　　　　　　　　　　　　　（b）

图8-25　热带雨林秀场婚纱礼服效果图

（3）前沿时装。提示词：tropical rainforest runway style, a {female model walking on fashion show wearing printed skirt and corset, male model walking on fashion show wearing a metal jackets}, white and black metal jackets, futuristic silhouettes, irregular shapes, metal elements, luxurious Baroque style, Miumiu fashion show style, full body shot, high-quality, realistic person(热带雨林走秀风格，{ 女模特走秀穿着印花裙和紧身胸衣，男模特走秀穿着金属夹克 }，白色和黑色金属夹克，未来主义的轮廓，不规则的形状，金属元素，奢华的巴洛克风格，Miumiu 时装秀风格，全身拍摄，高品质，逼真的人)，效果如图 8-26 所示。

（a）　　　　　　　　　　　　　（b）

图8-26　热带雨林秀场前沿时装效果图

8.2 〉 环境设计

在环境设计领域，设计师常常需要可视化空间设计的概念和风格，并与客户沟通确定意愿。这一流程需要设计师从大量素材库中搜索或自行建模制图，会耗费大量时间和精力。相比之下，Midjourney 允许设计师直接通过文字描述想象来生成概念中的空间样式，从而为设计师提供无限的创新空间，使他们在概念提案阶段便能够高效地完成工作。

8.2.1　室内设计

1. 家居空间概念设计效果图

生成家居设计效果图，在撰写提示词时一般应当包括空间名称、空间大小、设计师风格、色彩风格、家具类型、灯光设计、细节要求等内容。例如，以安藤忠雄风格、包豪斯风格的家具类型生成一套家居空间效果图，主要使用的提示词是：{ 房间 }+Tadao Ando design style, Bauhaus style furniture, no main lighting, natural light, minimalist design, ultra high definition, 8k --ar 16:9(安藤忠雄设计风格，包豪斯风格家具，无主照明，自然光，极简设计，超高清）。

（1）客厅。提示词：living room, Tadao Ando design style, Bauhaus style furniture, no main lighting, natural light, minimalist design, ultra high definition, 8k --ar 16:9(后续其他房间的提示词结构与此一致，不再重复)，效果如图 8-27 所示。

图8-27　客厅设计效果图

（2）厨房。kitchen room，如图 8-28 所示。

图8-28　厨房设计效果图

（3）餐厅。dining room，效果如图 8-29 所示。

图8-29　餐厅设计效果图

（4）卧室。bedroom，效果如图 8-30 所示。

图8-30　卧室设计效果图

（5）卫生间。bathroom，效果如图 8-31 所示。

（6）阳台。balcony，效果如图 8-32 所示。

图8-31　卫生间设计效果图

图8-32　阳台设计效果图

2. 商业空间概念设计效果图

商业空间经常需要富有艺术感和想象力的设计来吸引顾客，而Midjourney可以帮助设计师实现他们脑海中的创意。例如，我们在为一家火锅店提供概念设计提案时，被要求空间风格需要独特且具备视觉冲击力，因此我们使用了峡谷、自然元素、中式元素等提示词，意在营造一种在神秘幽静的峡谷中就餐的体验。

（1）入口设计。提示词：the entrance design of the hot pot restaurant features deep chestnut and orange spaces, soft hues, rich green plants, delicacy, minimalism, and surrealism, ultra high definition, 8k --ar 16:9（火锅店的入口设计以深栗色和橙色的空间为特色，柔和的色调，丰富的绿色植物，精致，极简，超现实主义，超高清），效果如图 8-33 所示。

图8-33　火锅店入口设计效果图

（2）中央大厅设计。提示词：the central hall design of the hot pot restaurant simulates the entrance of a canyon, with deep chestnut and orange spaces, soft hues, rich green plants, exquisite, minimalist, and surreal elements, ultra high definition, 8k --ar 16:9（火锅店的中央大厅设计模拟一个峡谷的入口，深栗色和橙色的空间，柔和的色调，丰富的绿色植物，精致，极简，超现实的元素，超高清），效果如图 8-34 所示。

（3）服务台设计。提示词：the service desk space and dining space design of the hot pot restaurant, simulated canyon crevice ceilings, deep chestnut and orange spaces, soft tones, rich green plants, exquisite, minimalist, surrealist, ultra high definition, 8k --ar 16:9（火锅店的服务台空间和用餐空间设计，模拟峡谷缝隙天花板，深栗色和橙色的空间，柔和的色调，丰富的绿色植物，精致，极简，超现实主义，超高清），效果如图 8-35 所示。

图8-34　火锅店中央大厅设计效果图

图8-35　火锅店服务台设计效果图

（4）就餐区设计。提示词: hot pot restaurant dining design, hot pot dining tables and chairs, simulated canyon crevice ceilings, deep chestnut and orange spaces, soft tones, rich green plants, exquisite, minimalist, surrealist, ultra high definition, 8k --ar 16:9（火锅店餐饮设计，火锅餐桌椅，模拟峡谷缝隙天花板，深栗色和橙色空间，柔和的色调，丰富的绿色植物，精致，极简，超现实，超高清），效果如图 8-36 所示。

图8-36　火锅店就餐区设计效果图

8.2.2　建筑设计

建筑造型是建筑设计的重要组成部分，可以传达设计师对建筑功能、空间和环境的理解和追求，增强视觉效果，提高使用体验，塑造品牌形象。Midjourney 可以快速生成多样的建筑外观，以其逼真的效果图，帮助建筑设计师在初始设计阶段快速进行可视化表达。此外，Midjourney 可以基于已生成图片，生成同一风格的不同造型方案。例如，对于现代化的大型公共建筑、高层地表建筑等领域，Midjourney 都可以发挥强大的作用。

（1）高层建筑概念设计效果图。高层建筑，尤其是那些具有独特设计和建造目的的建筑物，通常位于城市的中心或重要的地理位置，被视为城市形象的代表和城市规划的重要组成部分。因此，高层建筑设计的重要性在于其能够通过自身的形态和高度来表达一个城市的形象和特色，从而成为城市的地标建筑。

我们以摩天大楼、高度、参数化设计等关键词为例，构建生成高层建筑的造型外观效果图的提示词：skyscraper design, a 500 hundred foot tall, designed by Bjarke Ingles, glass windows, parametric architecture, rendering, hyper realistic, hyper details, sunny day, 4K render, ultra high definition, 8k ––ar 3:4（摩天大楼

设计，500 英尺高，由 Bjarke Ingles 设计，玻璃窗，参数化建筑，渲染，超逼真，超细节，阳光明媚的日子，4K 渲染，超高清），效果如图 8-37 所示。

图8-37 摩天大楼设计效果图

（2）公共建筑概念设计效果图。在大型公共建筑领域，体育馆的设计占据着举足轻重的地位。扎哈作为享誉国际的建筑设计师，其作品风格独特，尤其擅长使用流线造型，注重空间的利用和光线的投射。

因此，我们可以体育馆设计、扎哈风格、流线造型等关键词为例，构建生成体育馆建筑造型外观效果图的提示词：the stadium design, the style of Zaha, combines the concepts of fluidity and aerodynamics, Hadid's iconic designs, seamless, futuristic aesthetic, sunny day, 4K render, ultra high definition, 8k --ar 16:9(体育场设计，扎哈风格，结合了流动性和空气动力学的概念，哈迪德的标志性设计，无缝，未来美学，阳光明媚的日子，4K 渲染，超高清），效果如图 8-38 所示。

通过对单一效果图的"变化"操作，生成相似方案，效果如图 8-39 所示。

图8-38　体育馆设计效果图

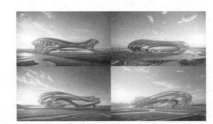

图8-39　衍生出更多体育馆的类似效果图

8.2.3　展示设计

Midjourney 在展陈设计中也有广泛应用，包括展台设计和展览展示。设计师利用 Midjourney 进行展陈空间的设计和展示，也可以为艺术展览、科技展览、文化展览等展览形式设计不同艺术风格与造型。

（1）展台空间概念设计。提示词：exhibition booth design, white with a lot of lights, in the style of goblin academia, octane render, Logo, orange and white, solarizing master, bright background, 4K render, ultra high definition, 8k --ar 16:9（展台设计，白色配上大量灯光，以妖精学术界的风格，辛烷值渲染，Logo，橙白色，精准控制曝光度，明亮背景，4K渲染，超高清），效果如图 8-40 所示。

（2）展厅空间概念设计。提示词：enterprise exhibition hall, interior design, displayed from multiple angles, without main light design, orange and white,no other information provided, 8K --ar 16:9（企业展厅，室内设计，多角度

展示，无主灯设计，橙色和白色，不提供其他信息），效果如图 8-41 所示。

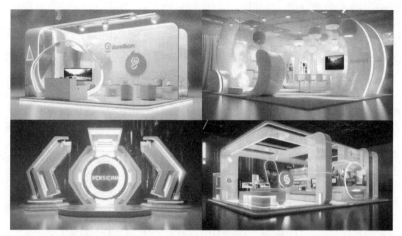

图8-40　展台空间概念设计效果图

图8-41　展厅空间概念设计效果图

8.3 > 产品设计

　　Midjourney 在产品设计中也有广泛应用，包括生成手绘草图、产品概念效果图、落地效果图等。设计师可以利用 Midjourney 进行产品设计的发散构思和效果展示。

8.3.1　产品手绘草图

　　产品手绘草图是产品设计初期的重要表现形式。设计师通过手绘草图可以快速将自己的创意和想法表达出来，并进行初步的尝试和探索。手绘草图可以帮助设计师对产品的整体外观、功能和人机交互等方面进行初步的评估和判断，从而为后续的产品设计奠定基础。

Midjourney 可以快速生成手绘草图，这得益于其强大的绘画能力和大量图像数据的训练。设计师只需输入相关的提示词并调整参数，Midjourney 就可以从这些图像数据中找出相似的元素和特征，为手绘草图的创作提供灵感来源。同时，设计师还可以将通过 Midjourney 生成的手绘草图作为参考，对设计做进一步的完善和调整，大大提高了工作效率。以下是一些具体示例，说明 Midjourney 在家具、电器和交通产品领域的作图能力。

（1）家具产品手绘设计。提示词：chair design, curved surface, simple style, smooth texture, fast 2d marker concept drawings, on the white paper, multiple angles, innovative materials, seamless connection, industrial design, text annotations, structural lines, detailed sketch, playful shapes, Marker Pen Coloring --ar 16:9（椅子设计，曲面，风格简洁，质感流畅，快速 2D 记号笔概念图，白纸上，多角度，创新材料，无缝连接，工业设计，文字注释，结构线条，细节素描，俏皮造型，记号笔着色），效果如图 8-42 所示。

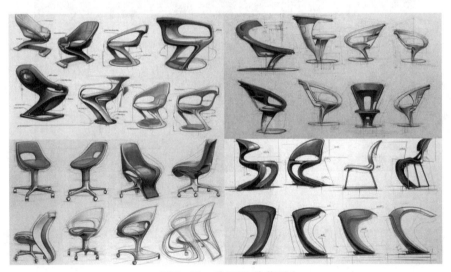

图8-42　椅子设计草图

（2）咖啡机手绘设计。提示词：Coffee machine design, fast 2d marker concept drawings, on the white paper, multiple angles, style of Mechanism, industrial design, text annotations, structural lines, detailed sketch, playful shapes, Marker Pen Coloring --ar 16:9（咖啡机设计，快速 2D 记号笔概念图，白纸上，多角度，风格机制，工

业设计，文字注释，结构线条，细节素描，俏皮造型，记号笔着色），效果如图 8-43 所示。

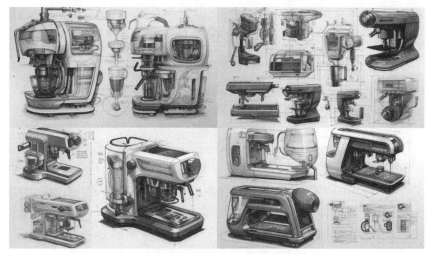

图8-43 咖啡机设计草图

（3）汽车手绘设计。提示词：Audi car, styling design, fast 2d marker concept drawings, on the white paper, multiple angles, style of Mechanism, industrial design, text annotations, structural lines, detailed sketch, playful shapes, Marker Pen Coloring --ar 16:9（奥迪汽车，造型设计，快速 2D 记号笔概念图，白纸上，多角度，风格机制，工业设计，文字注释，结构线条，细节素描，俏皮造型，记号笔着色），效果如图 8-44 所示。

图8-44 模仿奥迪品牌汽车的设计草图（注意：不是奥迪官方产品设计图）

8.3.2 产品概念效果图

产品渲染效果图是在手绘草图的基础上进行的表现形式。通过专业的渲染软件和技术，将手绘草图转化为具有照片级真实感的数字图像。产品渲染效果图可以帮助设计师对产品的最终表现效果进行评估和判断，从而对产品的设计做进一步的优化和改进。有了 Midjourney 后，设计师可以通过垫图、描述等形式生成具有真实渲染效果的产品效果图，对产品做进一步的优化设计。

（1）家具产品概念设计效果图。提示词: chair design, curved surface, simple style, smooth texture, space effect, modernization, innovative materials, seamless connection, integrated function, white background, 8k --ar 16:9(椅子设计，曲面，简约风格，质感流畅，空间效果，现代化，材料创新，无缝连接，功能一体，白色底色），效果如图 8-45 所示。

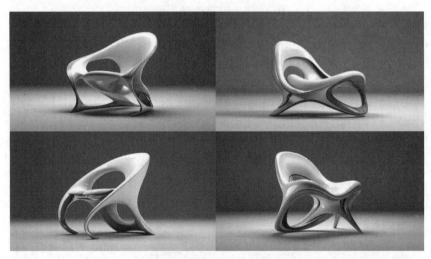

图8-45 椅子设计效果图

（2）咖啡机概念设计效果图。提示词: coffee machine design, multiple angles, style of mechanism, industrial design, playful shapes, C4D, render --ar 16:9（咖啡机设计，多角度，机械风格，工业设计，俏皮造型，C4D），效果如图 8-46 所示。

（3）汽车概念设计效果图。提示词: Audi car, styling design, style of mechanism, industrial design, seamless connection, integrated function, white background, 8k --ar 16:9(奥迪汽车，造型设计，机械风格，工业设计，无缝连接，一体化功能，白色背景），效果如图 8-47 所示。

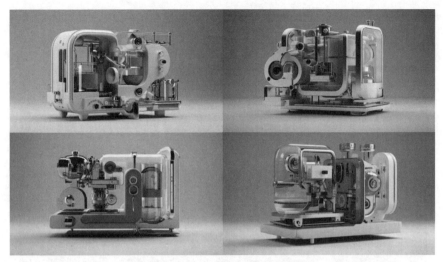

图8-46　咖啡机设计效果图

图8-47　模仿奥迪品牌汽车的设计效果图（注意：不是奥迪官方产品设计图）

8.3.3　产品落地效果图

产品落地效果图的制作需要借助专业的渲染软件和技术，通过模拟真实环境和光线等因素，使效果图具有较高的真实感和代入感。设计师可以通过在Midjourney中以"垫图＋文字描述"的形式设置不同的产品应用场景，生成产品落地效果图。这样的方式能够更快速地帮助设计师评估和调整产品设计方案，还可以让客户更好地理解产品。

（1）家具产品落地效果图。垫图图8-45，再输入提示词：a curved surface chair,

Put it in front of a french window, with a warm atmosphere and a home scene, 8k --ar 16:9（一张曲面椅，放在落地窗前，气氛温馨，有家的景色），效果如图8-48所示。

图8-48　椅子落地效果图

（2）咖啡机落地效果图。垫图图8-46，再输入提示词：coffee machine design, a warm kitchen scene, 8k --ar 16:9（咖啡机设计，温馨的厨房场景），效果如图8-49所示。

图8-49　咖啡机落地效果图

（3）汽车落地效果图。垫图图8-47，再输入提示词：a Audi car, driving on urban road scenes, 8k --ar 16:9（一辆奥迪汽车，行驶在城市道路上的场景），效果如图8-50所示。

图8-50　模仿奥迪品牌汽车的落地效果图（注意：不是奥迪官方产品效果图）

8.4 > 包装设计

Midjourney 在包装设计中也有广泛应用，包括食品类包装设计、日化用品类包装设计和礼盒包装设计。设计师可以利用 Midjourney 直接生成各类产品包装的外观以进行参考，也可以生成各类产品包装的插画并借助 Adobe Photoshop 等图像编辑工具进行补充设计。

8.4.1　食品类包装设计

食品类包装设计常使用的插画元素主要包括以下几类。

（1）情境元素。这种插画以生动有趣的情境画面，传递商品的信息和故事，增强包装的吸引力和趣味性。例如，这里模仿三只松鼠的动漫 IP 设计，在一系列的产品包装上，需要延展出飞行员、船长、坦克驾驶者的情境，从而使包装拥有强烈的吸引力。我们以宠物食品包装为例，用可爱的猫咪来替代松鼠，通过提示词生成情境插画元素，并使用后期排版，通过样机展示包装效果，如图 8-51 所示。

（2）摄影元素。比如在面食、麦片等食品的包装上，常常会出现相应的美食摄影图片，展示产品效果，起到吸引消费者注意力的效果。我们以速食方便面包装产品为例，如图 8-52 所示。

（3）自然元素。比如水果、蔬菜等食品的包装上，常常会出现相应的自然元素，如花、果实、叶子等，突出产品的天然和健康，对消费者心理有安抚和吸引作用。我们以果汁饮料为例，如图 8-53 所示。

图8-51　猫粮包装设计图

图8-52　速食方便面包装设计效果图

图8-53　果汁饮料包装设计效果图

8.4.2　日化用品包装设计

日化类产品包装设计常使用的插画元素主要包括以下几类。

（1）几何图形。抽象几何图形在日化类产品的包装设计中较为常见，通过不同形状、大小、颜色的组合和搭配，可以产生独特的视觉效果和艺术感，例如圆形、方形、三角形等基础形状的变体和组合；或者采用渐变、对称、旋转等手法，让图形更加丰富多样。我们以洗面奶为例，如图 8-54 所示。

图8-54　洗面奶包装设计效果图

（2）植物元素。花卉与植物元素在日化类产品包装设计中很常见，特别是护发、护肤等与自然植物关联度较高的产品。例如，使用花卉的图案或者线条，展现产品的自然、清新特点。以洗衣液为例，如图 8-55 所示。

图8-55　洗衣液包装设计效果图

8.4.3　礼盒包装设计

礼盒类产品包装设计常使用的插画元素主要包括以下几类。

（1）主题插画。根据礼盒所承载的产品及背后的故事，使用相应的插画元素进行表现。例如，中秋节月饼礼盒，可能会使用月亮、嫦娥等元素，表现中秋佳节的团圆主题；春节酒品礼盒，可能会使用福字、鞭炮等元素，表现春节的喜庆氛围。以节日食品礼盒为例，如图8-56所示。

图8-56　月饼包装设计效果图

（2）图案插画。使用具有吉祥寓意的图案元素，如龙、凤、狮子等，来表现礼盒的高贵与大气；使用自然风景元素，如山水、花鸟等，来表现礼盒所承载的广阔天地和自然之美；使用具有中华传统文化的元素，如中国结、水墨画等，来表现礼盒所承载的文化底蕴和传统特色。示例如图8-57所示。

图8-57　新年零食礼包包装设计效果图

8.5 游戏设计

Midjourney在游戏领域的角色设计、场景设计、道具设计中能发挥重要作用，可以使设计师建模效率显著提高。

8.5.1　角色设计

通过 Midjourney AI 工具，设计师可以轻松生成不同的游戏角色类型与多样的角色造型方案，通过该工具生成精灵等不同类型的 NPC 角色。设计师根据游戏的需求和风格，撰写合适的关键词，调整参数，可以获得符合要求的角色设计方案。这些方案可以帮助游戏制作人员更好地了解角色的特点和风格，提高游戏角色的质量和吸引力。我们以仙侠风格游戏角色为例，使用 Midjourney 分别生成不同类型的游戏人物。

（1）女性 NPC 角色设计。提示词: Xianxia Game style, female NPC game character design, rich postures and expressions --ar 3:2 --niji(仙侠游戏风格，女性 NPC 游戏角色设计，姿态和表情丰富)，效果如图 8-58 所示。

（a）　　　　　　　　　　　　　　　（b）

图8-58　女性NPC角色设计效果图

（2）男性 NPC 角色设计。提示词: Xianxia Game style, a male NPC game character design, rich postures and expressions --ar 3:2 --niji(同上)，效果如图 8-59 所示。

（a）　　　　　　　　　　　　　　　（b）

图8-59　男性NPC角色设计效果图

（3）老者NPC角色设计。提示词：Xianxia Game style, an old male NPC game character design, seventy years old, wearing chinese traditional clothing, leaning on a cane, rich postures and expressions --ar 3:2 --niji（仙侠游戏风格，游戏角色设计一名老年男性NPC，七十多岁，穿着中国传统服装，拄着拐杖，姿态和表情丰富），效果如图8-60所示。

(a) (b)

图8-60　老者NPC角色设计效果图

（4）儿童NPC角色设计。提示词：Xianxia Game style, a child NPC game character design, a 6-years-old girl is super cute, with two braids and traditional Chinese clothing --ar 3:2 --niji（仙侠游戏风格，一个儿童NPC游戏角色设计，一个6岁的小女孩超级可爱，梳着两条辫子，穿着中国传统服装），效果如图8-61所示。

(a) (b)

图8-61　儿童NPC角色设计效果图

（5）精灵角色设计。提示词：Xianxia Game style, Elf design, animal image, pointed ears, with wings, rich postures and expressions --ar 3:2 --style cute（仙侠游戏风格，精灵设计，动物形象，尖耳，有翅膀，姿态表情丰富），效果如图8-62所示。

（a）　　　　　　　　　　　　　　　　　（b）

图8-62　精灵NPC角色设计效果图

8.5.2　场景设计

除了游戏角色设计方案，Midjourney 还可以帮助设计师根据游戏风格生成各类游戏场景。我们继续以仙侠风格游戏为例，使用 Midjourney 生成该类游戏中常见的场景。

（1）自然场景。提示词：the mountains and rivers are beautiful and undulating, dotted with flowing streams and waterfalls --ar 3:2 --style scenic（山川秀美，起伏不定，其间点缀着潺潺的小溪和瀑布），效果如图 8-63 所示。

图8-63　游戏中自然场景设计效果图

（2）建筑场景。提示词：Xianxia Game scene, features ancient Chinese

architecture, with soaring eaves and corners, green bricks and tiles, and character perspectives --ar 3:2 --style scenic（仙侠游戏场景，以中国古代建筑为特色，高耸的屋檐和角落，青砖瓦片，人物视角），效果如图8-64所示。

图8-64　游戏中建筑场景设计效果图

（3）地域特色。提示词：the endless desert and Gobi scene --ar 3:2 --style scenic（无尽的沙漠和戈壁风景），效果如图8-65所示。

图8-65　游戏中沙漠戈壁场景设计效果图

8.5.3　道具设计

除了角色与场景设计外，如武器、装备、消耗品等各种帮助玩家提高游戏趣味性的道具设计也是仙侠类游戏设计中非常重要的部分。游戏设计师同样也可以通过 Midjourney 快速生成各种道具设计方案。

（1）武器和装备。提示词：game props, weapon equipment design, sharp swords, powerful bows and arrows, mysterious staff --ar 3:2（游戏道具，武器装备设计，利剑，有力的弓箭，神秘的权杖），效果如图 8-66 所示。

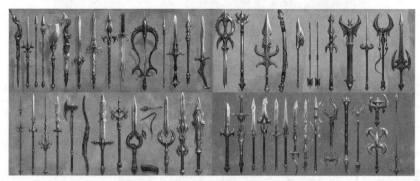

图8-66　游戏中武器道具设计效果图

（2）药品。提示词：Xianxia Game style, game props, drug design, different containers and colors, shining with light, displayed from multiple angles --ar 3:2（仙侠游戏风格，游戏道具，药物设计，不同的容器和颜色，闪耀着光芒，从多个角度展示），效果如图 8-67 所示。

图8-67　游戏中补给药品设计效果图

（3）宝石和灵石。提示词：game props, rare gems and spirit stones, displayed from multiple angles --ar 3:2（游戏道具，稀有宝石和灵石，多角度展示），效果如图 8-68 所示。

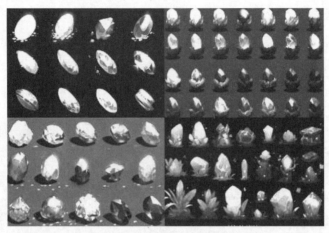

图8-68 游戏中宝石设计效果图

8.6 本章小结

在本章，我们介绍了 Midjourney 如何应用于概念设计提案。从服装、环境、包装、产品和游戏设计等方面入手，通过大量图片案例展示 Midjourney 在各类设计领域的生图能力。设计师可以利用 Midjourney 快速获得所需的提案应用方案，从而更好地满足客户需求。与此同时 Midjourney 也能提高设计师的工作效率与设计质量，为设计师提供更多的创作可能性，推动设计的多样性和创新性。同时我们相信，Midjourney 创造的潜力远不止此，本章的示例希望可以起到抛砖引玉的效果，希望各位读者在对应的工作场景中制作出更加出色的作品！

CHAPTER NINE

第 9 章

Midjourney 面向素材生成的应用实践

. . .

在前面几章，分别讲解了在品牌IP设计、电商海报设计、设计提案等领域的实践案例。不过除了这些相对完整的设计案例外，日常设计中还有很多零碎的设计需求，而大型设计工作也需要"零部件"参与合成。那么本章我们一起来体验"面向素材生成的AI设计"，相比于前面的案例，本章更像是通过AI之手，以万花筒的视角去快速感受不同素材对象的设计体验。因此，本章的学习过程会更加轻松，也更适合读者发挥自己的想象力，创作出精美的画作！同样，本章的创作会运用到前面提过的操作技巧和提效工具，读者可以适当回顾前文内容。

本章主要涉及的知识点有：

·学习创作背景素材：通过Midjourney体验背景图创作，轻松创作出符合不同风格的炫酷图片，包括极简风、科技风、电商风等，更多风格等你解锁。

·学习创作贴纸：学习制作各式各样的贴纸和装饰小画，通过AI回味贴纸的乐趣。

·学习虚拟摄影特写：利用Midjourney生成高度逼真的现实场景图片，不管是人物还是商品都能胜任。

·学习图标制作：学习生成多种风格的图标图案，并尝试将其整合到完整设计中。

9.1 解锁背景素材

背景设计在设计中扮演着重要的角色，它能够为整个设计提供基础的视觉效果和氛围。背景设计可以衬托主体，为主体创造一个适合的背景环境，使主体更加突出，整体更加统一。同时，背景设计还可以传达出设计的整体风格和情感基调，影响观众的视觉和情感体验。

例如，在电商运营海报中，背景设计可以突出产品的特点和卖点，吸引消费者的注意力。在壁纸设计中，背景设计可以影响系统操作界面的整体氛围和美感。因此，背景设计在设计中处于不可或缺的地位，好的背景设计能够让整个设计更加生动、有趣，有说服力。

通过引入Midjourney参与背景图设计，不仅可以提高设计师创作的多样性和想象力，从设计本身的角度而言也有助于保持整体画面的风格色调统一，因此可以显著提高设计效率。下面将结合几个常见设计风格的案例进行讲解。

9.1.1 极简风背景素材

极简风格的背景素材是现代设计中的一大趋势。这种风格以简洁、纯净的线条和几何形状为特点，通常呈现出极富现代感的设计。通过 Midjourney 可以轻松创建各种极简风背景素材，无论是用于网站背景、移动应用的登录页面，还是展示产品的宣传资料。这些背景素材将使设计更具时尚感和现代感。

（1）简约迷幻风格。通过简洁的元素和色彩来营造一种超现实和梦幻的氛围，让人们在其中感受到一种独特的审美体验。通常使用明亮、鲜艳和对比强烈的色彩搭配，营造出奇幻和神秘的氛围。这些颜色包括紫色、粉红色、绿色、橙色等，常常以不寻常的方式进行组合，以突出设计的神秘感。同时，色彩饱和度较高，能产生一种独特的视觉效果。简约迷幻风还适合与光滑和粗糙的材质相结合，使整体设计看起来更具层次感和立体感。

提示词：simple restrained, large area of white a blurred abstract image of a blue, orange and red pattern on whitein the of light red and light pink, gradients, rounded, neon and fluorescent --ar 16:9 --s 750（简约内敛，大面积的白色模糊抽象图像，在白色上有蓝、橙、红的图案，浅红色和浅粉色，渐变，圆润，霓虹和荧光），效果如图 9-1 所示。

图9-1　简约迷幻风格

（2）光和空间交错的设计。美国艺术家 James Turrell 擅长以空间和光线作为设计素材，尝试通过艺术创作赋予空间以实体的存在，并引导观众通过光线感知空间。

提示词：gradient frosted glass effect virtual background, bright, blue, orange, white, by James Turrell --ar 16:9（渐变磨砂玻璃效果虚拟背景，明亮，蓝色，橙色，白色，由 James Turrell 创作），效果如图 9-2 所示。

图9-2 光与空间交相辉映的设计

（3）细腻线条流淌的世界。运用细腻的线条结合光影处理，刻画出柔美、优雅、富有意境的画面，同时色彩搭配和谐，视觉效果极佳。

提示词：a blue hill, in the style of surrealistic biomechanics, photorealistic landscapes, streamlined forms, light blue and white, uhd image, soft, dreamy landscapes --ar 16:9 --s 750（一座蓝色山丘，采用超现实主义生物力学、照片般逼真的风景、流线型造型、淡蓝色和白色、超高清图像、柔和、梦幻般的风景），效果如图9-3所示。

图9-3 细腻线条风格画作

透明的渐变色彩：Wes Cockx擅长色彩处理和3D建模，通过简单明快的色调和干净的画面营造出生动的场景。在作画中可以大量运用色彩和透明度，营造出强烈且普遍的渐变效果；使用模拟玻璃材质，让画面更加干净；在画面的光影处理上注重冷暖对比和动态的光线效果，以此突出画面的立体感和层次感。

提示词：pastel colorful background, white tone, gradient, soft light, colorful transparent glass, foil holographic, 3d rendering, white tone, digital background, glass, high luminance, bright scene, holographic, fine luster, designed by Wes Cockx, 8k, holy light --ar 16:9 --s 750（粉彩色背景，白色调，渐变，柔光，彩色透明玻璃，箔全息，3d渲染，白色调数字背景，玻璃，高亮度，明亮的场景，全息，精细的光泽，由 Wes Cockx 设计，8k，圣光），效果如图9-4所示。

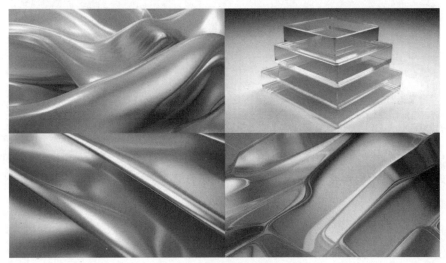

图9-4　透明的渐变色彩

这是同类型的另一幅画作，更加强调了画面中的流动形式和抽象意境，通过柔和色调、渐变效果和透明度来增加画面的层次感和动态感。

提示词：pink and bright blue, abstract background, flowing form, pastel colorful background, white tone, gradient, colorful transparent glass, foil holographic, rendering, glass, holographic, Wes Cockx, wavy resin sheetsrendered, C4D, sleekand stylized, neon and fluorescent light, 8k --ar 16:9 --s 750（粉红色和亮蓝色，抽象背景，流动形式，柔和多彩的背景，白色基调，渐变，彩色透明玻璃，箔全息，渲染，玻璃，全息，Wes Cockx，波浪树脂片渲染，

C4D，光滑和程式化，霓虹灯和荧光灯），效果如图 9-5 所示。

图9-5　透明的渐变色彩

9.1.2　科技感背景素材

在数字时代，科技感背景素材对于科技产品、应用程序和数字媒体的推广至关重要。Midjourney 可以生成具有未来感和高科技氛围的背景素材，包括虚拟屏幕、光线效果和数字纹理。这些素材不仅能增加产品的科技感，还能吸引潜在用户的眼球，提高用户体验。

（1）后现代简约风格。这种风格通常追求简洁、纯净和精致的美感，通过光影、色彩和线条的运用来营造出一种低调而高级的视觉效果。

提示词：a close up of an object with a lot of blue light, in the of dark white and indigo, post modern minimalist, smooth gradient, black and dark amber, smooth curves, geographic, horizons, webcam photography --ar 16:9 --s 750（一个带有大量蓝光的物体特写，在暗白色和靛蓝色中，后现代极简主义，平滑的渐变，黑色和暗琥珀色，平滑的曲线，地理，地平线，网络摄像头摄影），效果如图 9-6 所示。

（2）现代抽象艺术风格。这种风格追求形式美感，通过运用色彩、线条、形状等元素来创造一种独特的视觉效果和情感体验。与传统抽象派不同的是，后者主要强调对于自然或具体形象的摆脱，以纯粹的点、线、面等元素来表现形式和情感，追求内在的精神表达和纯粹的美感；而前者还表现出一种现代商业社会中的流行审美和消费文化的影响。

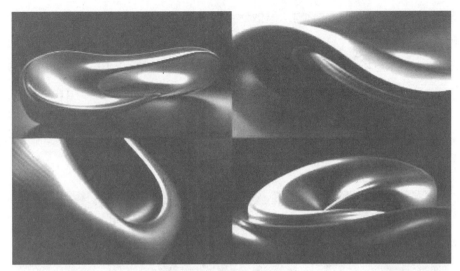

图9-6　后现代简约风格

　　提示词：blue abstract image with lights, kinetic lines and curves, light black and red, photography, dotted, detail, sparkle core, commercial, rubens, smooth curves --ar 16:9 --s 750（蓝色抽象图像与光，动态的线条和曲线，浅黑色和红色，摄影，点，细节，闪闪发光的核心，商业，鲁本斯，光滑的曲线），效果如图 9-7 所示。

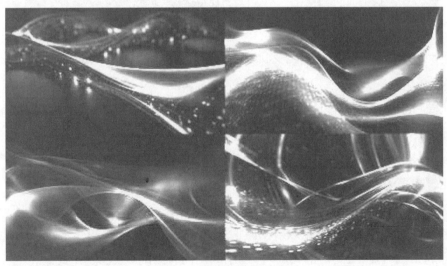

图9-7　现代抽象艺术风格

　　如图 9-8 所示是另外一种符合现代抽象风格的画作，其加入了更多工业化的元素，强调了现代工业在艺术领域的影响，但依然注重画面的干净、简洁，大量使用几何图形来凸显设计感。

提示词：low dark blue disc object sitting on top, dark blue tile background, transparent glass, white, blue, unreal, abstract structures, gray and white, engineering, industrial, high angle, degree --ar 16:9 --s 750(低矮的深蓝色圆盘物体坐在上面，深蓝色瓷砖背景，透明玻璃，白色，蓝色，虚幻，抽象的结构，灰色和白色，工程，工业，高角度，角度)，效果如图 9-8 所示。

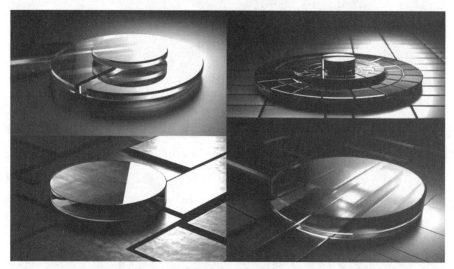

图9-8　现代抽象艺术风格和工业元素

（3）超自然风格。一种以未解之谜和神秘为主题，追求一种神秘、超自然、未来感和低保真感的风格。

提示词：a blue space background with the earth behind, in the style of cryptidcore, dark blue, political, social commentary, luminous scenes, luminous, realistic lighting --ar 16:9 --s 750(以大地为蓝色空间背景，以暗色、深蓝色为风格，政治、社会评论、夜光场景、夜光、写实的灯光)，效果如图 9-9 所示。

（4）抽象光影风格。抽象光影风格注重光影的变化和相互作用，通过运用不同的光线和阴影效果，创造出独特的视觉效果和情感氛围；同时简洁、流畅的形态和纯净的色彩也构成了该风格的特点，这些元素共同打造出简洁而有力的视觉效果；此外，抽象光影风格还注重将不同的元素和空间进行组合和交融，以打破传统界限，营造出无拘无束的氛围感。

图9-9　超自然风格

提示词: blue glow waves in the style of dotted, 3D space, abstract blue lights, streamlined design, rhythmic lines, lens flare, backlight --ar 16:9 --s 750(蓝色辉光波的虚点风格，3D 空间，抽象的蓝色灯光，流线型的设计，有节奏的线条，镜头光晕，背光)，效果如图 9-10 所示。

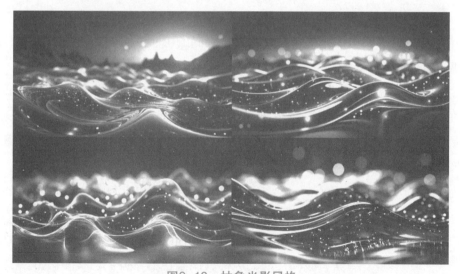

图9-10　抽象光影风格

与前面不同的是，抽象光影是一种强调网络结构的艺术风格，同样使用光影对比来进行意境呈现，这里展现了一幅冷暖对比的图像示例。

提示词：cyber abstract background, blue shades, small amount of orange, high quality, high resolution, HD, 8K --ar 16:9 --s 750（网络抽象背景，蓝色阴影，少量橙色，高质量，高分辨率，高清，8K），效果如图9-11所示。

图9-11　抽象光影风格

9.1.3　电商背景素材

电子商务行业需要多样化的背景素材，从时尚的服装展示到美食摄影，再到家居和家电产品。

（1）桌面摄影风格。拍摄环境通常比较简单和干净；拍摄角度通常比较低，以平视或俯视为主，采用近距离的拍摄方式；常常采用对称、平衡、重复等构图原则，以及选用一些几何图形作为构图的基础；此外，常采用的还有诸如微距镜头、逆光拍摄和调整景深等特殊的摄影技巧，同时借助色彩调节来增强画面的艺术氛围。

提示词：neon background with a neon light, in the style of minimalist geometrics, light purple and bronze, tabletop photography, illusionary architectural elements, UHD image, abstract minimalism appreciator, geometric balance --ar 16:9 --s 750（霓虹灯背景，极简几何的风格，浅紫色和青铜色，桌面摄影，虚幻的建筑元素，超高清图像，抽象极简主义欣赏者，几何平衡），效果如图9-12所示。

（2）未来主义风格。该种风格以现代性、速度、动力、力量等为特点，追求抽象性和几何化，运用强烈的线条和色彩表现运动感，同时也叛离传统艺术观念和表现手法，倾向于使用现代工业和科技元素。

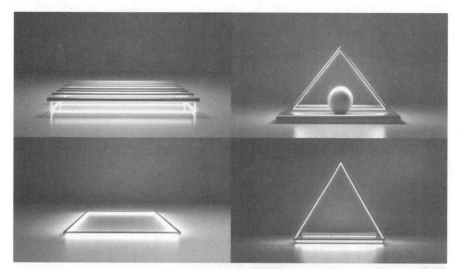

图9-12　霓虹色调下的桌面摄影风格

提示词: cistern, circular stage, CINEMA4D 4D rendering style, centered composition, futuristic technology, subtle colors, cubic futurism, ultra fine detail, high resolution, 16k --ar 16:9 --s 750(水池，圆形舞台，CINEMA4D 4D 渲染风格，居中构图，未来主义技术，微妙的色彩，立方未来主义，超精细的细节，高分辨率)，效果如图 9-13 所示。

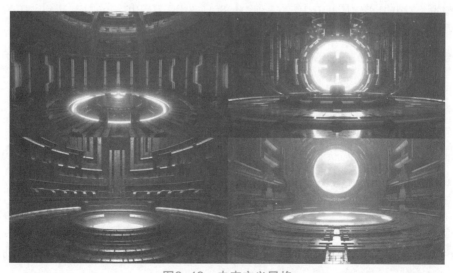

图9-13　未来主义风格

如图 9-14 所示是另一组未来主义的创作，以飞船为背景环境。

提示词：red and white, inside the spacecraft, nexus hub, futuristic, 8K resolution, realistic --ar 16:9 --s 750(红白相间，飞船内部，连接中心，未来主义，8K 分辨率，逼真)，效果如图 9-14 所示。

图9-14　未来主义风格

（3）现代几何风格。强调几何化、抽象化、简约化、平衡和谐以及空间深度的表现，通过独特的形状和线条来表现出现代感和极简主义的追求。

提示词：stage platform in white desert land frame, in the style of circular shapes, beige, photo-realistic landscapes, yellow and beige, modern geometrics --ar 16:9 --s 750(舞台平台以白色沙漠大地为框架，以圆形、米色、逼真的风景、黄色和米色为风格，现代几何)，效果如图 9-15 所示。

（4）未来主义的混合风格。混杂了未来主义、3D 风格、现代几何等风格特点，适合未来城市虚拟构图的呈现。

提示词：stage by the sea, stage design, futuristic city architecture behind the stage, futuristic feel, 3D animated futuristic city architecture, blue, white, and orange colors, animation-influenced style, gradient sky, bright lighting, centered composition, close-up shots, low-angle shots, presented in Cinema4D style, 3D modeling, original rendering, balance, exaggerated viewing angles. hyper-realistic and detailed rendering style, super details --ar

16:9(海边舞台，舞台设计，舞台背后的未来主义城市建筑，未来主义感觉，3D动画未来主义城市建筑，蓝色、白色和橙色，动画风格，渐变天空，明亮的灯光，中心构图，特写镜头，低角度镜头，以Cinema4D风格呈现。3D建模，原创渲染，平衡，夸张视角。超现实和详细的渲染风格，超级细节)，效果如图9-16所示。

图9-15　现代几何风格

图9-16　未来主义的混合风格

9.1.4　常见应用场景

　　前面提供了许多生图样例，但是要怎么落地应用呢？这些生成的背景素材可以应用于多个常见场景，本节展示了一些实例以供参考。

（1）PPT制作。可以为演示文稿添加精美的背景，增强演示效果，如图9-17所示。

图9-17　背景图应用于PPT的效果

（2）手机壁纸。几何风格和抽象风格十分适合创作吸引人的手机壁纸，吸引用户的眼球，同时增加用户体验，效果如图9-18所示。

图9-18　背景图应用于手机壁纸的效果

（3）海报banner。制作令人难忘的宣传海报，以推广活动、产品或服务，效果如图9-19所示。当然海报banner往往会集成更多元素，这里仅做基本示例。

（4）网站背景。增加网站的视觉吸引力，提升用户体验，效果如图9-20所示。

图9-19　背景图应用于海报的效果

图9-20　背景图应用于网页的效果

提示

　　通过这些案例不难看出，Midjourney生成的背景素材只需简单编辑，便能够快速、轻松地为各种设计项目达到出色的视觉效果。

9.2 实现贴纸自由

　　贴纸设计是一种在各种表面广泛应用的装饰方法，通常用于个性化特定物品，例如家具、手机、汽车或任何其他物品。贴纸设计可以涵盖极其广泛的主题和风格，无论是简单的文字标签还是复杂的图案和图像，都可以通过贴纸实现。这种多样性使得贴纸可以满足各种不同的需求和喜好。设计师可以采用手绘方式或者借助计算机辅助设计（CAD）软件进行贴纸设计，设计元素包括图案、图像、文字和色彩等。在开始设计之前，需要考虑贴纸的尺寸、形状以及使用环境，以确保所设计出的贴纸适合并能持久保持。

设计师可以使用Midjourney来创作和编辑卡通形象，由于卡通图片相比于真实摄影照片，画面更加简单一致，因此更加适合 AI 绘画处理。

9.2.1　贴纸人物素材

贴纸人物素材可以用于从社交媒体图像到广告宣传的各种设计项目中，这些贴纸人物素材可以传达不同品牌的形象，让设计更加个性化。往常这些素材需要设计师手绘或者基于建模制作来生成，现在只需对人物角色进行简单描述即可生成符合要求的大量素材。我们可以根据需要生成不同职业、年龄和地区的人物形象，不管是年轻的工程师，还是老年的医生，Midjourney 都能轻松生成。下面我们将给出简单示例来体验一下效果。

（1）不同角色的人物生成。贴纸绘画使用鲜明的色彩、流畅的线条和注重细节的表现。对于下面的提示词，只需变更花括号里的人物描述即可生成不同角色的图片。

提示词: stickers, {cute girl stickers, handsome boy stickers, old woman stickers}, light blue and orange, bold use of lines, flat illustrations, vector illustrations, high details --ar 3:4(贴纸，{可爱女孩的贴纸，英俊男孩的贴纸，老妇人贴纸}，浅蓝色和橙色，大胆使用线条，平面插图，矢量插图，高细节)，效果如图 9-21 所示。

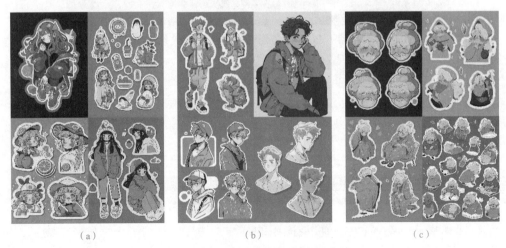

　　　　（a）　　　　　　　　　　（b）　　　　　　　　　　（c）

图9-21　不同角色的人物贴纸素材

（2）不同色系的人物生成。贴纸绘画通常使用鲜明、艳丽的色彩来吸引观众的注意力。常见的颜色包括红色、黄色、蓝色、绿色、紫色等，这些颜色通常具有较高的饱和度和明度。在贴纸绘画中，这些颜色通常以块状或点状的形式出现在画面中，形成鲜明的色彩对比和视觉冲击力。下面在提示词的花括号中尝试不同的颜色，体验不同色系的感觉。

提示词：stickers, cute girl stickers, {light pink and black, light green and yellow, light blue and purple}, bold use of lines, flat illustrations, vector illustrations, high details --ar 3:4（贴纸，可爱的女孩贴纸，{浅粉色和黑色，浅绿色和黄色，浅蓝色和紫色}大胆使用线条，平面插图，矢量插图，高细节），效果如图9-22所示。

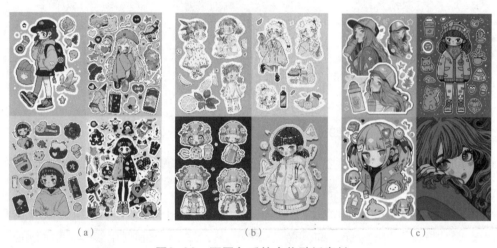

（a） （b） （c）

图9-22 不同色系的人物贴纸素材

9.2.2 生成装饰素材

装饰素材是设计中不可或缺的一部分，它能够为设计增添独特的魅力和个性。Midjourney具备创建各种装饰素材的能力，包括引人注目的食物、动物和植物装饰。例如，美食类装饰素材可用于食谱书籍或餐厅宣传，让人们更加垂涎欲滴；动物类装饰素材可以装点动物保护组织的海报，展现出大自然的美丽和动物们的可爱；植物类装饰素材则能给设计带来生机和自然感，让人们感受到大自然的清新。总之，Midjourney所创造的装饰素材，能够有效地提升设计的品质和感染力。

（1）食物。对于下面的提示词，只需变更花括号里的描述即可生成不同食物的图片。

提示词：stickers, {burgers, ramen, sushi} stickers, {red and brown, bule and yellow, orange and green}, bold use of lines, flat illustrations, puzzle-like elements, white background, high details --ar 3:4(贴纸，{ 汉堡、拉面、寿司 } 贴纸，{ 红棕、蓝黄、橙绿 }，大胆运用线条，平面插画，谜题式元素，白色背景，高细节)，效果如图 9-23 所示。

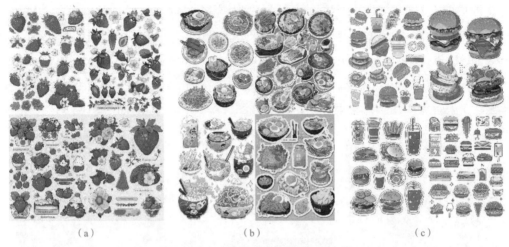

（a）　　　　　　　　　　（b）　　　　　　　　　　（c）

图9-23　不同类型食物的贴纸素材

（2）动物装饰。对于下面的提示词，只需变更花括号里的描述即可生成不同动物的图片。

提示词：stickers, cute{cat, dog, bird}, {orange, yellow, green}, bold use of lines, flat illustrations, puzzle-like elements, white background, high details --ar 3:4(贴纸，可爱的 { 猫，狗，鸟 }，{ 橙，黄，绿 }，大胆使用线条，平面插图，益智元素，白色背景，高细节)，效果如图 9-24 所示。

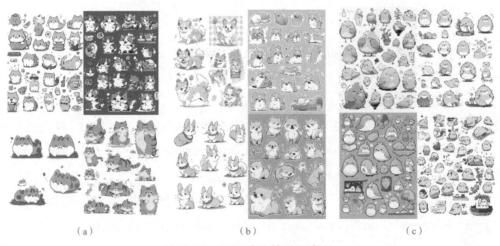

（a）　　　　　　　　　　（b）　　　　　　　　　　（c）

图9-24　不同动物的贴纸素材

（3）自然装饰。对于下面的提示词，只需变更花括号里的描述即可生成不同自然元素的图片。

提示词：stickers, {flowers, leaves, drop of water}, bold use of lines, flat illustrations, puzzle-like elements, white background, botanical elements, high details --ar 3:4（贴纸，{花，叶，水滴}，大胆使用线条，平面插图，谜题元素，白色背景，植物元素，高细节），效果如图 9-25 所示。

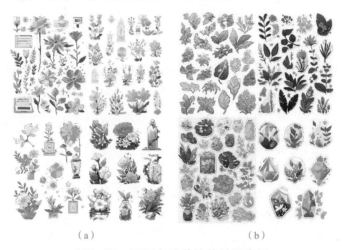

（a） （b）

图9-25 不同自然装饰的贴纸素材

9.2.3 常见应用场景

贴纸和装饰素材的典型用途就是打印出贴纸，粘贴于其他物件表面，可用于个人创意项目，如手账、照片集和自制卡片等，效果如图 9-26 所示。

图9-26 贴纸素材用于手账的效果图

9.3 生成摄影特写

摄影特写通过近距离拍摄手法，将拍摄对象的某个局部或细节进行放大，从而产生突出主体、强调细节的视觉效果，同时可以捕捉到拍摄对象的情感表达，营造出形式美感，并利用创意手法增强画面的创意性。这些特点使得摄影特写成为一种极具表现力和感染力的摄影形式，能够让观众更加深入地了解和感受拍摄对象，引起情感共鸣，享受视觉上的饕餮盛宴。常见的特写是人物和物品摄影特写。当前以 Midjourney 和 Stable Diffusion 为代表的AI 模型已经在光线、画面质感、分辨率、对象控制、细节表现等方面十分突出，具备模拟摄影作品生成的能力，因此可以用来生成特写照片，减轻获取专业摄影特写的成本。由于 AI 绘图可以生成更加多样化、精美的画面元素，因此生成的特写还能轻易取得现实中难以复刻的效果。这些生成的人物形象可用于广告、宣传、社交媒体、图标、卡通插画等各种设计项目。

9.3.1 生成人物形象

人物特写是一大典型需求。Midjourney 可以轻松生成各种人物形象，满足不同设计和宣传需求。这包括以下几方面的内容。

1. 不同职业人物

Midjourney 能够创造具有某一职业特点的人物形象，无论是医生、工程师，还是艺术家，以满足各种宣传活动和品牌需求。

（1）半身特写。可以在提示词的花括号中改变职业、性别、背景颜色等以获得不同的照片效果。

提示词：real person, China, {teacher, doctor, nurse}, female, smile, front view, light {grey, white, pink} background, interior photography, soft light, UHD --ar 3:4（真人，中国，{老师，医生，护士}，女性，微笑，正面，浅色{灰，白，粉}背景，室内摄影，柔光，超高清），效果如图 9-27 所示。

（2）全身带道具。可以在提示词的花括号中改变职业、性别、背景颜色等以获得不同的照片效果。

提示词：real person, China, {painter with a palette and a brush, cook had a spatula}, male, full body, front view, light {pink, yellow, blue} background, interior photography, soft light, ultra UHD --ar 3:4（真人，中国，{画家用调色板和刷子，厨师用围裙和饭锅}，男性，全身，正面，浅色{粉色，黄色，蓝色}背景，室内

摄影，柔和的光线，超高清），效果如图 9-28 所示。

（a） （b） （c）

图9-27 不同职业的半身特写

（a） （b） （c）

图9-28 不同职业的全身特写（带道具）

2. 不同年龄人物

设计中的年龄差异非常重要。通过 Midjourney，设计师可以轻松生成婴儿、儿童、成年人乃至老年人等各个年龄段的人物形象，从而更好地满足不同设计项目的特定需求。

我们可以在提示词的花括号中改变年龄、背景颜色等获得不同的照片效果。

提示词：real person, {1 year old baby, 30 years old man, 70 years old man}, China, smile, front view, light {pink, blue, grey} background, interior photography, soft light, UHD --ar 3:4（真人，{1 岁宝宝，30 岁男人，70 岁男人 }，中国，微笑，正面，浅色 { 粉色，蓝色，灰色 } 背景，室内摄影，柔光，超高清），效果如图 9-29 所示。

（a）　　　　　　　　　（b）　　　　　　　　　（c）

图9-29　不同年龄段人物的大头照

3. 不同地区人物

全球市场需要具有地域特色的宣传材料。Midjourney 可以创造不同国家和地区的人物形象，以帮助品牌适应不同文化。

我们可以在提示词的花括号中改变地区、衣着等获得不同的照片效果。

提示词：real person,{an Arab male in traditional dress, ndian women wearing saris, Chinese women wear cheongsam}, front view, light grey background, interior photography, soft light, UHD --ar 3:4(真人，{ 穿传统服装的阿拉伯男性，穿纱丽的印度女性，穿旗袍的中国女性 }，正面视图，浅灰色背景，室内摄影，光线柔和，超高清)，效果如图 9-30 所示。

（a）　　　　　　　　　（b）　　　　　　　　　（c）

图9-30　不同地区人物的照片

9.3.2　生成新鲜蔬果素材

　　新鲜蔬果的真实摄影素材对于宣传健康食品和农产品至关重要。Midjourney可以高效地生成多种蔬菜和水果的精细素材，例如西红柿、黄瓜、苹果、香蕉等。这些素材可以被广泛应用于食谱书籍的插图、农产品宣传材料以及食品包装设计之中。

　　（1）不同视角的水果切片特写。水果切片后的鲜艳色彩和细腻质感可以增加广告的视觉吸引力，突出水果的新鲜、美味、健康等特点，增强消费者的购买欲。下面给出一些样例，可以在提示词的花括号中改变水果名称以获得不同的照片效果。

　　提示词：commercial photography, orange and a halve of orange, on a real wooden table, surrounded by orange tree, charming sunlight, {front view, large panoramic, overhead view, close up}, nice shad-ows, Canon camera, UHD --ar 3:4（商业摄影，橙色和一半的橙色，在一个真正的木桌上，被橙树包围，迷人的阳光，{正面视图，大全景，俯视图，特写}，漂亮的阴影，佳能相机，超高清），效果如图9-31所示。

（a）俯瞰视角　　　　　　　　　（b）高视角

（c）低视角　　　　　　　　　（d）诺林摄影

图9-31　不同视角的水果切片特写

（2）铺满屏幕的蔬果特写。与切片照片相比，铺满屏幕的展示方式可以形成具有冲击力的广告，极大地吸引了消费者的目光，可以根据下面的提示词中花括号中的提示词生成这样的图片。

提示词：commercial photography, many {oranges, potatos, green grapes}, eamless background, visible drops of wather, soft light, professional color grading, overhead angle, bright screen, Canon camera, ISO 100, 100mm lens, UHD --ar 3:4(商业摄影，许多 { 橘子，土豆，绿葡萄 }，无边框的背景，可见的雨点，柔和的光线，专业的色彩分级，头顶角度，明亮的屏幕，佳能相机，ISO 100，100mm 镜头，超高清)，效果如图 9-32 所示。

（a）　　　　　　　　　　（b）　　　　　　　　　　（c）

图9-32　铺满屏幕的蔬果特写

（3）蔬果动态特写。加入动态感的食物宣传会更加吸引人，比如蔬果落入清水中的瞬间水花四溅，非常具有视觉冲击力，同时还衬托出蔬果鲜嫩多汁、健康美味的特点，提高观众的食欲，还能让静态的画面产生更多趣味。下面是结合这些过程特点编写的提示词。

提示词：fresh {oranges, grapes, tomatos} are being dropped into the water, splash water, professional color, light and shade contrast, depth of field, by Canon, UHD --ar 3:4(新鲜的 { 橘子，葡萄，西红柿 } 被扔进水里，溅水，专业色彩，明暗对比，景深，佳能相机，超高清)，效果如图 9-33 所示。

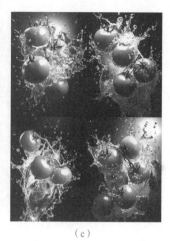

（a）　　　　　　　　　　（b）　　　　　　　　　　（c）

图9-33　蔬果动态特写

9.3.3　生成烹饪美食素材

美食宣传通常需要精美的烹饪美食素材。Midjourney可以生成各种美食照片，包括主菜、甜点和饮料。这些素材可用于餐厅菜单、食谱书籍、食品博客和食品应用程序的宣传。

（1）不同食物动态。通过捕捉食物的质感和运动，例如拉丝、翻炒、滴落、冒油等，可以呈现出食物的新鲜和美味。动态的画面比起静态画面更具有活力，可以刺激消费者的购买欲望。

提示词：food photography, extreme close-up, {pizza, honey, seafood fried rice}, {cheese pull, dripping, fire and spark}, color hierarchy, light and shade contrast, depth of field, by Canon, UHD --ar 3:4（美食摄影，极端特写，{比萨，蜂蜜，海鲜炒饭}，{奶酪拉，滴水，火和火花}，色彩层次，明暗对比，景深，佳能相机，超高清），效果如图9-34所示。

（2）不同视角构图。多视角构图可以更加全面地展示食物，让美味在观众面前充分曝光，可以吸引顾客的信任。下面将展示不同食物和用餐场景下的多视角摄影效果。

提示词：food photography, {hot pot, sizzling steak, chocolate cake, shashimi}, {overhead, high, low, knolling } angle, color hierarchy, light and shade contrast, depth of field, by Canon, UHD --ar 3:4（美食摄影，{火锅，滋滋牛排，巧克力蛋糕，刺身}，{头顶，高，低，小圆}角度，色彩层次，明暗对比，景深，佳能相机，超高清），效果如图9-35所示。

（a）比萨拉丝　　　　　　　　（b）蜂蜜滴落　　　　　　　　（c）炒饭火花

图9-34　不同食物动态

（a）俯瞰视角　　　　　　　　（b）高视角

 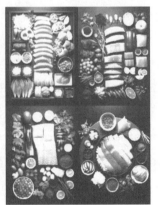

（c）低视角　　　　　　　　（d）诺林摄影

图9-35　不同视角构图

9.3.4　生成材质特写

Midjourney 可以生成不同材质的特写照片，如织物、皮革、木材等。这些特写照片可用于室内设计项目、时尚杂志、家居用品宣传等。

（1）生成透明 PVC 材质。提示词：transparent PVC material, solid color background, medium angle, wide zoom, 3D, C4D, ocean render, blender, natural light, shadow, edge light, very high detail, complex detail, HD 16K resolution processing, ultra-wide angle --ar 3:4 --s 250（透明 PVC 材质，纯色背景，中角度，广角变焦，3D，C4D，海洋渲染，Blender，自然光，阴影，边缘光，非常高的细节，复杂的细节，高清 16K 分辨率处理，超广角），效果如图 9-36 所示。

（2）生成液态金属材质。提示词：liquid metal texture, flowing, matte matte matte material, abstract background pattern with wave texture of shiny smooth silver fabric, in the style of serge marshennikov, online sculpture, uhd image, John Chamberlain, contemporary candy-coated, texture-rich, shiny --ar 3:4 --s 180（液态金属质感，流畅，哑光，哑光材质，抽象背景图案带有波浪质感的光泽光滑银色面料，马申尼科夫的风格，在线雕塑，uhd 图像，约翰·张伯伦，当代糖果涂层，纹理丰富，光泽），效果如图 9-37 所示。

图9-36　透明PVC材质

图9-37　液态金属质感

（3）生成分子结构示意图。提示词：molecular composition, amino acid composition, chemical structure, water molecular structure, hydrating and moisturizing picture, blue gradient --ar 3:4 --s 180（分子组成，氨基酸组成，化学结构，水分子结构，补水保湿图，蓝色梯度），效果如图9-38所示。

（4）生成毛绒材质。提示词：pink and white furry fabric close up, in the style of Plush material, octane render, animal fur, mink hat texture, luster, animated gifs, manapunk, streaked, wavy --ar 3:4 --s 180（水墨与白色毛绒面料近距离接触，采用长毛绒材质，辛烷渲染，动物皮毛，水貂帽质感，光泽，动画，马纳邦克，条纹，波浪），效果如图9-39所示。

图9-38　模拟的分子结构示意图

图9-39　毛绒效果图

（5）生成透明玻璃材质。提示词：glass texture, transparent, compact elements, 35 material, a geometric shape, icons, C4D, holographic translucency, light blue background centered, popular bazaar design, edge lights, foreground water, blue background, light, edge light, outline light, bright, bright, fluorescent, bright light, close-up intensity, 3D, ultra detail, blender, model, OC renderer, 8K --ar 3:4（玻璃质感，透明，紧凑元素，35材料，几何形状，图标，C4D，全息半透明，浅蓝色背景居中，流行集市设计，边缘灯，前景水，蓝色背景，光，边缘光，轮廓光，明亮，荧光，明亮的光，特写强度，3D，超细节，搅拌机，模型，OC渲染器，8K），效果如图9-40所示。

（6）生成精油液体材质。提示词：an image showing the bubbles of a beer, in the style of hyper-realistic oil, smooth lines, light gold and amber, frequent use of yellow, magewave, low-angle, environmental --ar 3:4 --s 180(一幅展示啤酒气泡的图像，采用超写实的油彩风格，线条流畅，淡金色和琥珀色，频繁使用黄色，电磁波，低角度，环保)，效果如图 9-41 所示。

图9-40 透明玻璃效果图

图9-41 精油液体效果图

9.3.5 常见应用场景

这些生成的摄影特写素材可应用于多个常见场景，包括广告宣传、杂志排版、食谱书籍、产品目录、网站设计和社交媒体图像制作。

（1）广告制作，如图 9-42 所示。

（a）汉堡广告

（b）水果广告

（c）健身广告

图9-42 广告制作效果图

（2）产品物料、材质说明，如图9-43所示。

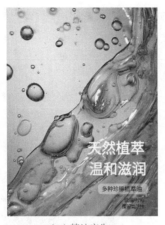 

（a）精油广告　　　　　　　　（b）护肤品广告

图9-43　产品的物料、材质说明

9.4 搭建图标素材库

图标在现代设计中扮演着关键的角色，它们用于传达信息、增加视觉吸引力，并提高用户体验。Midjourney的丰富功能和素材库将帮助设计师、开发人员和市场人员快速创建多样化的图标，以满足各种设计和宣传需求。为便于读者快速了解图标绘制的要素，这里收集了一些制作图标所需的基本提示词协作模式和词汇，如图9-44所示，读者可以依照思维导图中的思路进行联想拓展。

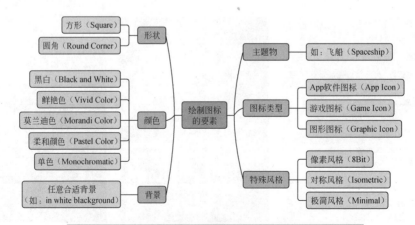

图9-44　绘制图标的要素

9.4.1　生成2D类icon素材

（1）线性图标风格。线性图标通常用于界面设计、图表制作和信息传达，例如网站、移动应用、仪表盘和数据可视化，其典型图案包括箭头、按钮、符号和指示器。

提示词：outline icon set, black and white, colorful, UI ux design, fresh design, graphic design, pinterest, centered structure, super detail --ar 3:4（轮廓图标集，黑白，彩色，UI ux 设计，新鲜的设计，平面设计，pinterest，中心结构，超级细节），效果如图 9-45 所示。

（a）图标集合

（b）图标集合

图9-45　线性图标、风格图标素材

（2）霓虹描边风格。霓虹描边风格的图标在现代设计中非常受欢迎。它们具有简洁、清晰和高度可视性的特点，应用于社交媒体图标、应用程序图标、设备图标和服务图标等。这些图标可用于增加品牌识别度，提高用户界面的友好性。

提示词：outline icon set, frosted glass, color, neon, ui design, black background, graphic design, pinterest, centered structure, super detail --ar 3:4（轮廓图标集，磨砂玻璃，颜色，霓虹灯，UI 设计，黑色背景，平面设计，pinterest，居中结构，超级细节），效果如图 9-46 所示。

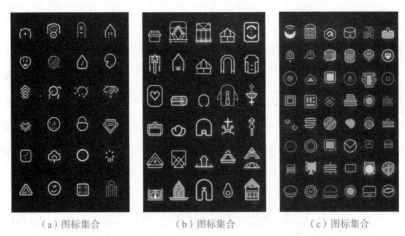

（a）图标集合　　　　　　（b）图标集合　　　　　　（c）图标集合

图9-46　霓虹描边风格图标素材

9.4.2　生成3D类icon素材

（1）渐变3D风格。3D风格的图标注重材质和光影的表现，能够呈现出立体的形态，让图标更加生动、真实。

提示词：3D icon, {shopping cart,key, magnifying glass, heart, wallet, message bubble, credit card}, isometric, gradient glass, colorful, UI design, plain background, 3D rendering, C4D（3D图标，{购物车，钥匙，放大镜，心脏，钱包，消息泡泡，信用卡}，等距，渐变玻璃，彩色，UI设计，纯色背景，3D渲染，C4D），效果如图9-47所示。

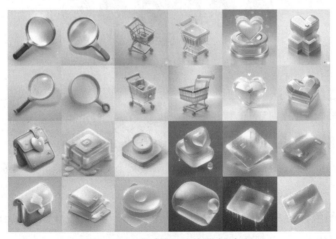

图9-47　渐变3D风格图标素材

（2）磨砂玻璃风格。通过添加磨砂玻璃质感，图标呈现出一种朦胧、模糊的视觉效果，这种对比可以增加图标的层次感和立体感，突出图标所要表达的重点内容。

提示词: 3D icon, isometric,{shopping cart, key, magnifying glass, heart, wallet, message bubble, credit card}, blue frosted glass white acrylic material, ultra strong glasstexture, refraceted light, semi transparent, sense oftechnology, light blue background, 3D rendering, C4D --ar 1:1（3D图标，等长，{购物车，钥匙，放大镜，心形，钱包，留言泡泡，信用卡}，蓝色磨砂玻璃白色亚克力材料，超强玻璃质感，折射光，半透明，科技感，浅蓝色背景，3D渲染，C4D），效果如图9-48所示。

图9-48　磨砂玻璃风格图标素材

（3）3D黏土风格。通常采用柔和的色彩，加上平滑的质感让用户感到更加温馨，在心理上更容易接受。

提示词: 3D icon, {shopping cart, key, magnifying glass, heart, wallet, message bubble, credit card}, cartoon colorful, UI design, plain background, 3D rendering, C4D --ar 1:1（3D图标，{购物车，钥匙，放大镜，心形，钱包，留言泡泡，信用卡}，卡通色彩，UI设计，素色背景，3D渲染，C4D），效果如图9-49所示。

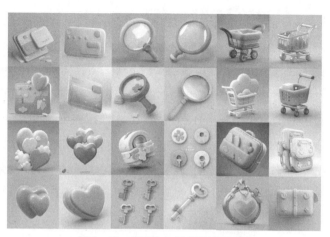

图9-49　3D黏土风格图标素材

9.4.3　生成场景类图标素材

（1）扁平风格场景。扁平风格是许多现代设计项目的首选，包括职场插画、校园插画和电商插画。这些素材可用于网站设计、社交媒体图像、宣传册以及更多项目中，为设计增添现代感。

提示词：{a group of people is having a meeting in the office with a data board in the background, a group of people are pushing shopping carts with a big screen in the background}, in the style of figurative minimalism, white background, organic shapes and lines, soft lines, flat illustration, front view, {blue and black, orange and black} --ar 16:9（{一群人在办公室开会，背景是数据板，一群人推着购物车，背景是大屏幕}，以极简主义的风格，白色背景，有机的形状和线条，柔和的线条，平面插图，正面视图，{蓝与黑，橙与黑}），效果如图9-50所示。

（a）图标集合　　　　　　　　　　　　　　　　　（b）图标集合

图9-50　扁平风格场景的效果

（2）2.5D 轴侧场景。这是一种轴侧等距插画，也就是通过二维的手法表现三维的效果，2.5D 插画，也被称作 2.5D 矢量插画或伪 3D 插画，在很多游戏、动画、漫画等作品中都有应用。通过恰当的描述，Midjourney 可以很容易生成 2.5D 视角的图画。

提示词：isometric view of {a class and students educational themes, people push shopping carts in the mall}, white background, soft and rounded forms, {light silver and blue, light silver and green} --ar 1:1(等长视图 { 一个班级和学生教育主题，商场里推购物车的人 }，白色背景，柔和圆形，{ 浅银色和蓝色，浅银色和绿色 }），效果如图 9-51 所示。

（a）图标集合　　　　　　　　　　　　　　　（b）图标集合

图9-51　2.5D轴侧场景的效果

9.4.4　常见应用场景

Midjourney 生成的图标可用于各种应用场景，下面是展示的样例。

（1）应用导航。设计吸引人的网站导航图标，提高用户界面的友好性，如图 9-52 所示。

（2）界面设计。为用户界面添加定制图标，以传达信息和提高设计的吸引力，如图 9-53 所示。

图9-52　移动应用导航效果图

图9-53　网页界面设计效果图

9.5 本章小结

　　本章的核心内容是向读者展示Midjourney在素材制作中多样化的应用场景，笔者力图通过大量的图文实践案例揭示Midjourney的实例。可以看到，不管是不同风格的背景素材制作、贴纸和装饰设计、虚拟摄影成像，还是日常所用的小图标，Midjourney都能轻松生成，然而这仅仅是Midjourney的冰山一角。我们相信，不管是设计师、营销人员和创意工作者，还是什么类型的创作或设计工作者，都可以从Midjourney中获得无限的创意可能。

CHAPTER TEN

第 10 章

AI 绘图在实践中的挑战与期待

...

通过本书前面章节的学习，我们了解了AI绘图的背景和发展，重点学习了AI绘图操作技术。AI绘图作为计算机在内容创作领域的重大突破点，在技术的光环之外，在更多方面同样应该引起我们的深思。希望大家在掌握实践方法之余，可以跳出AI绘画工具去看这些事物，相信会有更多的思考和收获。本章将针对技术的局限和发展，以及技术对我们自身的影响进行介绍和讨论。考虑到篇幅和受众群体，笔者仅对所认为最重要的部分，尽可能以平实的语言进行描述，同读者一起继续探索AI的世界。

本章主要涉及的内容有：

·了解当前AI绘图工具的局限性：不管是人工智能技术还是落地产品的工程能力，AI绘图工具仍然有可以改进的地方，同样也是应用工具时应该注意的不足。

·了解AI绘图技术发展的后续趋势：AI技术在哪些方面会继续改善，AI绘图的国产化替代相比国外的是什么水平，了解这些技术对商业化应用将有所裨益。

·了解个人从业者对AI绘图的应对策略：AI绘图技术对人类创作者产生冲击是不言而喻的，但影响体现在哪些方面，有多大水平，应该如何应对，本书希望和读者共同探讨这些问题。

10.1 〉 当前AI绘图工具的局限性

以Midjourney为代表的AI绘图工具可以取得非常惊艳的效果，超出了我们以往对于AI创作的认知，但我们依然有必要了解AI工作的优缺点，这样才能客观、恰当地应用这些产品，获得符合预期的效果。AI绘图工具可以介于图像、文字等输入，根据用户的指令理解其意图，生成特定的图像。由于AI在图像编辑、图像风格渲染、图像生成等方面的突出表现，因此可以应用于视觉艺术创作的草稿、协作、后期修饰等几乎所有阶段。当前AI绘画工具已经发展到了较为通用的水平，适用于常见场景和任务，因此在艺术创作、设计、教育等领域都有着广泛的应用前景。它不仅提高了艺术家的创作效率和设计效率，还可以降低绘画的门槛，让更多的人参与到绘画创作中来。总体来说，只要用户可以明确表达其意图，就可以利用AI生成符合要求的图像。不过值得注意的是，由于现在技术、工程化和产品等方面都尚处于迭代改良阶段，难免在一些具体任务中存在不足，这是用户应该理解的情况。下文将针对其中比较突出的不足之处进行介绍。

10.1.1　AI绘图技术的瓶颈

限制 AI 绘画工具性能表现的根本原因是相关技术仍处于迭代发展阶段，距离成熟、完美的状态仍有不少困难需要攻克。这些困难有的可以体现在用户一侧，有的则只有开发者的感受比较明显，典型的不足之处如绘画质量较低、绘画指令要素缺失、创意性不足、数据依赖程度较大、缺乏安全保护和模型构建困难等。注意这并不意味着当前的 AI 绘画技术水平低下，恰恰相反，提前了解这些已知问题会让我们对 AI 形成比较合理的预期，这样才能更好地体验 AI 的强大和便利。

（1）AI 绘图的质量和预期不匹配。尽管 AI 绘画技术已经取得了很大进步，但总体上仍处于发展阶段，在不少场景下仍可能表现不佳。例如，在绘制人体的时候可能存在手指绘制错误，如手指数量或方向错误，导致用户必须对错误的部位重新绘制；在绘制模拟相机摄影的真实场景时，可能存在画面比较粗糙、真实感较低的情况，导致 AI 画作无法达到实用的标准；在绘制中还可能存在画面配色不一致、画面元素排布混乱等问题，即使是简单的绘画指令也可能出现，如图 10-1 所示。这样的问题可能是由于模型训练不足导致的，需要开发者针对具体问题进行改进。

图10-1　Midjourney绘画问题

（2）绘画指令要素缺失，未能完全体现用户的要求。一种可能的情况是，或者因为模型没有训练过特定指令描述的画面，或者因为模型的表现不佳，AI 未能完全按照用户指令的所有要素进行描绘，例如绘制中国女性服饰的时候可能偏向日本传统女性服饰；错误地理解了指令中组合词汇或俗语俚语的语义，绘制了错误的画面元素。面对这样的情况，用户可以尝试多次绘制，或者修改绘画指令（提示词）来实现更好的控制。

（3）绘画的创意性不足。尽管 AI 可以根据用户的语言描述和底图生成新图像，在绘制例如梦境、文学意境、创意产品等允许自由发挥的场景画面时可以取得惊艳的效果，但 AI 的绘图能力和构建模型时使用的数据和训练状态有关，这也就意味着 AI 的创意性并不是无限的，具体体现为 AI 绘制的风格比较倾向于训练数据，用户不应期待每次绘制都能出现意料之外的惊喜画面。为了缓解这一问题，用户可以尝试多次生成，或者修改提示词再次绘制。然而这一特点具有两面性，用户同样可以利用这一特点控制模型生成的风格，例如训练个性化的私有模型来服务特定场景的绘图，例如卡通绘图模型、人物绘图模型等。

（4）数据依赖程度较大。AI 模型需要基于一定的相关数据进行构建，这一过程称为模型训练，而所用数据称为训练数据。训练一个高性能的 AI 绘图模型，对训练数据的数量和质量都有较高的要求，如果开发者缺乏足够的数据则构建的绘图 AI 可能存在明显的表现不佳，这也是部分 AI 绘图产品表现较差的原因之一。由于 AI 相关的法律法规不断加强、图像版权问题和互联网的图像有限等客观原因，开发者和机构可能难以扩充他们的训练数据，这也会限制 AI 绘图模型的迭代优化。

（5）数据安全问题。对于用户而言数据安全可能不常见，然而对开发者来说这是一个绕不过去的坎儿。从获取训练数据来说，开发者需要谨慎处理数据隐私问题，例如图片中的车牌号、人脸、地址等敏感信息不能被泄露，否则 AI 模型可能变成一个巨大的泄密机器；从 AI 模型生图的过程来说，开发者需要注意遵守用户当地的法律法规和社会良俗，避免不合规的图像生成。这些规则将影响开发者的迭代，同时对用户体验会产生影响。

（6）构建强大模型算法的困难。AI 绘画工具的迭代更新依赖超大参数量模型（简称"大模型"），而构建这些模型除了需要大量的标记数据、计算和存储资源之外，对模型算法的设计优化也非常考验开发者的技术和经验。优秀的开发者可以设计构建高性能的 AI 绘图模型，而其他开发者的产品则可能稍逊一筹。

10.1.2　AI绘图产品的不足

除了 AI 技术的不足外，绘画工具产品的打造也会影响用户体验。即使是今天，绝大部分民众（即潜在用户群体）对 AI 绘图模型的了解程度都比较少，而真正亲自上手操作体验过 AI 绘图模型的更是少之又少，对 AI 模型"开箱即用"则不能充分体验到最佳效果。因此需要良好的产品设计和工程化实现来引导和教育用户、优化体验。由于不同 AI

工具的产品特性不一致，且在持续迭代中，因此本书给出一些普遍适用的改进建议。如果用户在使用工具方面遇到困难，或许是因为所用产品在以下某些方面存在不足。

（1）优化学习曲线。对于初次接触 AI 绘图技术的使用者来说，可能需要花费一定的时间来熟悉软件和工具，了解如何输入指令或关键词来生成想要的图像。一款优秀的 AI 绘图产品应该合理设计新用户的学习曲线，帮助用户快速上手的同时又能循序渐进地深入掌握高层次的操作技巧，如图 10-2 所示。

图10-2　可解释的图像生成示意图

（2）提供创意和艺术指导。作为一款艺术设计工具，AI 绘图产品的客户定位却是更广大的普通互联网用户群体。显然用户的艺术创作水准参差不齐，并非所有人都可以直接创作出理想的作品，因此开发者有必要为用户提供引导。尽管 AI 已经将绘画创作的门槛降到文字描述而无须亲自动手，但教育用户基本的美学基础，从而合理、恰当地描述画面，是十分有必要的。

（3）可解释的图像生成。由于 AI 绘图工具是一个黑盒产品，用户无从感知所输入的生图指令如何控制最终的图像输出，当 AI 绘图的结果不符合预期的时候，用户难以直接反馈调整绘图指令。根据用户直觉调整的结果，或许下一轮绘图的效果比较合适，也可能因为没有命中 AI 的要素导致调整没有产生效果。为此，AI 工具的可解释绘图将是十分有效的反馈，AI 对"指令—绘图"过程的解释将有助于 AI 和人类用户协同创作，更高效也更准确，如图 10-2 所示。

（4）生成图像的安全问题。如前文描述，AI 工具作为一款内容创作产品，也需要遵守用户当地的法律法规和公序良俗，避免涉及暴力、血腥、成人或仇恨等不良倾向的内容。为此，除了在模型端阻止不合理的图像生成外，在产品侧也需要一些后补流程对"漏网之鱼"进行补充拦截，并充分教育用户。

（5）生成图像的版权问题。尽管包括 Midjourney 在内的许多 AI 绘图工具都声明支持用户合理使用 AI 生图，为用户解决版权问题，然而版权问题在法律条文上还处于变化时期，产品上需要为用户提供持续的支持，以避免相关法规问题。

10.2 〉 AI绘图技术发展的下一步

AI 绘图技术的发展日新月异，经常关注这一领域的读者会意识到紧跟技术潮流并不是一件容易的事情，国内外都不断有新技术突破，最新的技术报告和论文接踵而至。正因如此，我们更加需要保持对前沿的关注，这样才能避免被抛下。本段将介绍一些国内外最新的技术动向，其中不少正在快速迭代中，或许当你翻开本书的时候，它们已经成为随处可见的现实！

10.2.1　AI绘图技术的前沿发展趋势

AI 内容创作领域的技术正在快速发展，下文将介绍一些前沿发展趋势，以期为读者提供更好的技术洞察。

（1）3D 立体生成。本书所介绍的内容，即大多数 AI 绘画工具所实现的功能，都是在二维平面上的图像生成，即类似"纸面"创作。除此以外，类似"雕刻"的立体创作也是人类艺术的重要组成部分。长久以来，由于计算机 3D 立体渲染技术在计算复杂度上远超 2D 图像技术，因此其发展相对不如后者。在 AI 创作领域同样如此，尽管包括 DreamFusion、Magic3D、ProlificDreamer 等 AI 模型已经可以实现 3D 物体生成和渲染，但耗时和精细度都不如图像模型。但近期这一局面有望被打破，来自 UCSD 等机构的研究者发布的最新论文表明他们可以在 45 秒左右的时间完成一些简单的 3D 物体的精细化渲染，耗时接近图像生成！相信在将来 3D 生成技术会不断迭代，赶上平面绘图模型的性能。

（2）视频生成。视频生成和图像生成存在相似之处，但需要兼顾图像的连续性和意义，因此并不能简单地认为是连续生成图像的叠加，而是具有其特殊的技术难点。当前利用 AI 生成视频的策略主要有三种：将原视频逐帧 AI 重绘并替代、基于文本生成视频、基于关键帧图像生成视频。其中第一种主要是 AI 绘图的巧用，也是最早实现的 AI 生成视频的方法，事实上已经被一些视频编辑软件所应用。后两种则是真正意义上的 AI 视频制作。Runway公司的Gen-2产品实现了基于图像的视频生成，只需要用户提供一张图片，就可以基于此扩充为一段动态视频。如果用户利用AI绘图工具生成一系列关键帧，那么Gen-2就可以完成一个连续的故事！国内的"文心一言"等产品将退出基于文本指令生成视频短片的功能，但这些产品多数要么处于内测阶段，要么只能生成比较简单的视频，或者干脆只是图片组合的"幻灯片"视频。期待更优秀的产品早日出现！

（3）图文交互。图文交互是AI内容创作领域的关键之一。当前基于文本的AI对话大模型和基于图像、文本的AI绘图模型都已经出现，然而图像和文本这两种最常见的内容形式却依然没有得到充分的整合，例如，我们还无法在同一个工具中，向AI提供文本和图片，在让AI理解后生成文本和图像，尽管这些独立的功能在不同的工具中都已经实现。这一方面是技术还差"临门一脚"，另一方面需要产品端继续发力，因此这一完备的AI创作工具才会姗姗来迟。不过幸运的是，近期国内外的主流AI大模型工具都宣布了相关的技术突破和功能上线，例如国内的"文心一言"就支持用户在对话过程中上传图片或创作图片。不过当前各大工具主要进行了功能实现，用户体验会随着后续版本迭代变得更佳。

（4）多模态交互。类似前文提到的图文交互，我们还可以期待将来更加通用的多模态（格式）内容交互，内容格式包括文本、图片、音频、视频等。由于对不同模态内容的AI语义理解技术均相对成熟可用，而AI生成技术也在飞速发展中，因此多模态混合的人机交互对话、AI内容创作是一定会到来的。试想，将来会出现一款强大的AI产品，不管用户提供的是文字还是声音，或者其他任何包含意义的内容，AI都可以根据需求生成任何格式的内容，这将给人类带来多么客观的生产力！

（5）细分领域模型。在通用工具发展的同时，还有部分团队致力于解决特定领域的问题，发展细分领域的AI模型和产品。最近在互联网上比较火的产品包括：AI隐藏式二维码生成，将二维码混合到普通图像中，摆脱二维码的固有形象，而常人难以分辨；AI艺术写真，典型代表是"妙鸭相机"App，AI生成逼真的艺术写真的同时又能保持用户面部特征，迅速俘获年轻女性用户的心而爆火网络，成为现象级App；AI服装设计，简单的服装设计通过Midjourney等AI绘图工具直接生成衣服款式和图案，或者分别生成再融合，而后来出现的ControlNet模型允许用户对特定对象（如试衣模特）进行局部调整，因此可以更加全面准确地查看衣服上身的状态。国内的"蘑菇街"基于Stable Diffusion推出的Weshop允许商家虚拟试衣就是一个典型产品。更多领域模型，如配乐、建筑设计、美妆等都如雨后春笋般涌现，正是各行各业百花齐放的时候。

（6）图片中的可读性文本生成。意思是在 AI 绘图中，根据要求生成一段有顺序、语义合理的文本，这将大大拓展 AI 绘图的实用性。这听起来很简单，但并非如此，因为 AI 绘图很难对个别元素进行精细控制，更不要说保持一长段文本的顺序和语义了。当前 AI 绘图可以实现对字母和单词的艺术化绘制并添加到画面中，但如何添加更加复杂的文本，例如将一个章节的内容生成到翻开的书页上且避免画面违和，是一个需要解决的难题。

（7）交互式连续生成。由于 AI 绘图难免存在无法实现，或者实现有瑕疵的地方，因此用户需要在生成之后进行编辑微调。然而一种更自然的方式是，融合人类和 AI 创作的过程，让 AI 和人类协作完成一个画面（或内容）的制作。这在文本领域已经实现，包括 Notion AI、搜狗智能输入等工具都提供了用户和 AI 共同协作的功能，在用户输入片段之后 AI 就可以快速脑补缺省的部分，或润色已经完成的部分，提高协作的效率和准确性，让用户对写作的过程和效果有着较好的掌控。这样的思路同样可以应用到 AI 绘图中，而 AdobeFirefly 是比较早实现类似功能的工具，支持用户在其 Photoshop 软件中进行图像绘制或编辑的同时，提供 AI 编辑的效果，让用户逐步创作出奇妙的图像。

10.2.2　AI绘图的国产化替代

AI 技术不断发展的同时，我们也注意到国产化进程同样取得喜人成绩。最初 AI 绘画，包括整个 AI 内容创作大领域的技术突破都是从欧美开始的，然而国内公司和研究机构很快就能赶上。在中美技术壁垒不断加码的今天，AI 技术国产化的意义更为凸显。

（1）技术国产化。基于 AI 的计算机视觉技术方面，国内团队一直表现不俗，著名的"AI 四小龙"（商汤、旷视、依图、云从 4 家公司）一时风光无二，在 AI 绘画技术兴起的当下同样有一批紧跟潮流的研发团队涌现，典型的代表如百度的"文心一言"、商汤科技的"秒画"、西湖心辰公司的"造梦日记"等。除了提供 AI 绘画服务的产品外，还有一些公司致力于提供标准化的研发平台和计算设施服务，即所谓的"大模型平台"，以便更好地服务开发者，包括百度的"文心千帆"、魔搭社区 ModelScope、第四范式公司等。通过这些公司提供的产品服务，我们可以很好地使用或开发 AI 绘画模型，可以作为国产化的平替选项。

（2）计算资源国产化。除了 AI 算法和产品，计算芯片也是 AI 绘画的关键组成部分。由于 AI 绘画算法需要消耗大量的计算资源，因此先进的芯片显得尤为重要，而典型的需求芯片则是 GPU 图形计算芯片（又称"显卡"）。国内有能力研发芯片或计算集群的公司团队有燧原科技、寒武纪、壁仞科技、浪潮信息、字节跳动的火山云等，这些公司又通过和 AI 算法研发团队合作来促成 AI 领域"算法 + 硬件"的全栈国产化，例如燧原科技和腾讯公司的合作、壁仞科技和百度飞桨的合作、字节火山云和 MiniMax 公司的合作等。硬件国产化为软件公司创造了降本增效的机会，反过来软件公司在芯片上的规模应用又反哺硬件公司对产品的改良迭代。

（3）国内政策支持。除了科技公司的发力外，国内同样致力于营造一个良好的科创环境，激发技术和资金入场的热情。当前国内相关领域发展集中于北上广深四大城市，但更广泛的省市范围，在"十四五"规划或其他规划中，或多或少都结合当地产业特点发布了相关利好政策，例如北京发布《关于推动北京互联网 3.0 产业创新发展的工作方案（2023—2025 年）》，上海市发布《上海市推动人工智能大模型创新发展的若干措施》，杭州市政府办公厅发布《杭州市人民政府办公厅关于加快推进人工智能产业创新发展的实施意见》，合肥市发布《合肥市加快建设国家新一代人工智能创新发展试验区促进产业高质量发展若干政策》等。

10.3　人类创作会被AI取代吗

AI 在内容创作领域的爆火出圈，引起世人阵阵惊叹的同时，又不得不令人深思，AI 带来的生产力革命，会毁了我们的职业生涯吗？知名公司 OpenAI 和美国宾夕法尼亚大学等在 2023 年 3 月发表论文 *GPTs are GPTs: An Early Look at the Labor Market Impact Potential of Large Language Models*，针对不同行业岗位受到 AI 大模型的影响进行了分析，声称 80% 美国人的工作将明显受到 AI 的影响（受影响程度达到 10%），而接近 1/5 的美国人的工作将严重受到 AI 的影响（程度达到 50%）。AI 绘图在提供强大创作能力的同时，对普通人的工作和岗位会有怎样的影响，相信是相关从业者关心的话题。

10.3.1　AI绘图动了谁的饭碗

首先我们应该认识到，新技术对于劳动生产的影响具有两面性：一方面，技术进步可以提高生产效率，有利于劳动者减轻负担，获得更多报酬；另一方面，劳动者获得的报酬以及劳动关系本身都有赖市场需求，如果市场需求不变而产能提高，那么市场将不再需要那么多的劳动者。借此我们容易理解，对于 AI 绘画技术所影响的行业，如果市场的蛋糕还没见顶，那么 AI 技术对从业者而言是个福音，因为他们将有能力获取更多利润；而如果从业者已经饱和，或者市场份额有限，这样的存量竞争下 AI 绘图只会加剧"行业内卷"。针对每个细分行业和岗位的受影响程度进行分析是困难的，但我们可以基于本书前文提到的 AI 绘画在不同行业的应用，以及 AI 绘图的下一步发展趋势，对将来的形势形成基本认识。

有些行业岗位与绘图高度绑定，如画家、插画师、游戏美工、图像后期、摄影师、影视特效师等。这些岗位的机遇在于借助 AI 提升劳动者的技能水平，进而与同行业的其他竞争者拉开差距，从而获得更高的收入。然而长期来看最终更多劳动者将掌握 AI 技能，从而减缓差距，行业总体的生产力提升，最终市场导致对劳动力的需求下降。据《新京报》报道，AI 绘画已经对原画师的工作造成了威胁，在美国已经有 AI 生成插画的漫画书《黎明的查莉娅》（*Zarya of the Dawn*）上市。尽管 AI 相比于人类创作在某些特性上有所不如，例如局部修改、创作风格等，但对于基础的、商业流水线式的作品生产则体现出较强的替代性，如第 1 章所描述。当前版权问题依然是 AI 作品大规模流通的阻力之一，但我们无法一直期待被庇护在这堵高墙之下。

与图像编辑紧密关联的职业岗位种类繁多，涉及视觉传播的行业均会感受到 AI 绘画技术的影响。对于那些视觉创意并非其核心任务的工作来说，AI 更多地是为它们增添了自动化的优势。在服装设计、产品设计等与视觉创意强相关的领域，AI 绘画技术则能够帮助设计师减少工作负担，使其专注于产品的其他方面；教育工作者将可以更便利地制作合适的教材，工程师也可以更好地展示自己的开发成果。从行业的角度来说，AI 将推动行业生产和服务水平的提高。

总体来说，从业者掌握 AI 绘画相关技术对个人总是有益的。不管 AI 对自身的影响几何，尽早掌握并应用这一先进生产力工具将有利于我们提高自己的技术门槛和工作水平，在变化中行稳致远。

10.3.2　从业者的应对之道

面对 AI 时代的变局，从业者只有"思变"才能稳固自己的工作，笔者综合考虑可能有以下三种典型的应对策略。

（1）学以致用，善用 AI 绘图工具。"打不过就加入"，虽然通俗简单却是一条行之有效的策略，当前不少设计公司、设计院都在催促自己的员工学习 AI 绘画工具，是为了赶上潮流，避免在技术变革中落伍。设计师通过学习和实践，可以更好地利用这些工具来辅助创作，提高工作效率和创造力。例如，使用 AI 绘图工具可以快速生成设计稿或模型，设计师可以在此基础上进行更深入的创作和加工，从而制作出更具创意性和实用性的作品。

（2）构建壁垒，创作独特的风格和审美。尽管 AI 作画已席卷市场，但是缺乏独特创意与原生力是其明显的不足。而人类设计师所具备的独特审美和创造力，正是从业者打造技术壁垒的有利契机。设计师可以运用自己的经验和创意来创作独一无二的艺术作品，构建自己的独特风格和审美。这种独特性可以帮助画师在行业中树立自己的地位，并获得更多的认可和机会。同时，这也需要画师不断学习和探索新的艺术风格和表现形式，以保持自己的独特性和创造力。

（3）剑走偏锋，转向私人高级定制。与 AI 所擅长的工业流水线式的生产不同，私人高级定制在风格、细节、质感、形式等方面都有着较高的需求，且需求本身很可能是需要设计师本人和客户在沟通过程中逐渐理解和细化的。客户不仅需要一个优秀的设计师，更需要一个理解他们的设计师，这也是私人定制的价值所在。这种服务模式可以帮助设计师避免被 AI 绘图技术所替代，同时也可以提供更具有针对性和个性化的服务，满足客户的特殊需求。但是，这种服务模式需要设计师具有一定的经验和技能，同时也需要花费更多的时间和精力来为客户提供更好的服务。

退一步讲，即使上述途径都不选择，当前我们还处于时代变革的起点，还有足够长的时间去摸索最适合自己的道路，愿与诸君共勉！

10.4 本章小结

作为本书的结尾，本章旨在帮助读者更全面地了解 AI 绘图。"不识庐山真面目，只缘身在此山中"，为此本章主要从相对宏观的角度对 AI 绘图技术进行介绍，包括当前的技术局限、AI 绘图的发展趋势，以及对个人从业者的一些建议等。对于当下的 AI 绘图，我们知道其在核心技术上还有创意、安全等未解决问题，在产品上也有一些有待打磨的地方。有不足是正常的，因为我们明白这一领域还处于发展阶段，AI 内容生成技术正在 3D 生成、视频生成、国产化等方面不断发力。对于相关领域的从业者，需要关注新技术对自己工作的正负面影响，及时拥抱变化才能保持职场竞争力，化挑战为助力。

长久以来，AI 技术一直被少数技术精英掌控，宛如凤毛麟角，普通民众难以触及。

然而，随着 AI 绘画技术的崛起，特别是 Midjourney 这类强大而实用的工具的诞生，极大地降低了科技与大众之间的壁垒。这一划时代的革新最先波及设计传媒领域，我们周围充斥着越来越多的 AI 绘画作品，如广告和社交媒体中的图片和视频。这些我们逐渐视作寻常的点滴背后，实则是 AI 技术逐步深入人心的历程。新的科技时代正在缓缓揭开序幕，我们期待每一个人都能从中受益，为我们的生活增添福祉。